DO IT! FOOD STYLING

두 잇! 푸드 스타일링

food styling DO it!

김덕환 박정윤 이승미 정소연

식문화의 변화 속에서 새로운 유망직종으로 부상한 푸드 스타일리스트는 식문화의 아이콘으로서 음식 문화를 확장하고 트렌드를 주도해가는 중심적 역할을 하고 있다.

더욱이 외식산업이 문화적 콘텐츠로서 인식되고 있는 근간에는 음식에 창의적 이고 미적인 감각을 표현하는 푸드 스타일리스트가 음식과 사람사이의 예술적 메 신저로서 식품산업 전반에 걸쳐 그 영역을 넓혀 가고 있다.

이제 식문화는 가장 역동적인 문화산업의 하나로 개인의 일상생활, 사회구성간의 소통적 역 할뿐 아니라 문화적 시대상을 반영하고 국가의 이미지를 표현하는 대표성을 지니기도 한다.

특히 다른 학문 분야와는 차별화된 실용 학문이며, 문화 예술적 가치를 창조하는 미학적 식문화 환경의 연출자이며 예술가인 것이다.

식문화 환경의 연출자로써 푸드 스타일리스트는 자연과학과 인문학, 종합예술 에 이르기까지 많은 능력을 요구받고 있다. 이러한 시대적 요구에 따라서 이 책은 푸드 스타일리스트로서 겸비해야 할 이론과 실무지식의 습득을 목표로 하고 있다.

부족한 점이 있지만 고민에 고민을 거듭하여 그동안 강의를 하면서 느꼈던 이 론적 체계의 필요성과 실무에서 요구되는 실용적 지식들을 모아 푸드 스타일링 을 위한 기초에서 전문적인 지식까지 통섭(統攝)하려고 노력하였다.

모쪼록 푸드 스타일링을 공부하는 사람들에서 실제적인 부분에서 도움이 되기를 바란다. 푸드 스타일링을 공부함에 있어 전문인이 되기 위해 도끼를 깎아 바늘을 만든다는 마부작침(磨斧作針)의 마음을 가지고 이 분야를 탐구한다면 누구나 능력 있는 푸드 스타일리스트가 될 것이라고 생각한다.

이 책이 나오기까지 학문의 충실한 조언자가 되어주신 나정기 교수님, 진양호 교수님, 김기영 교수님, 김명희 교수님, 한경수 교수님께 지면을 통해 감사의 말씀을 전하고 물심양면으로 지원을 아끼지 않으셨던 혜민북스 진수진 사장님과 함께 고민하고 애써주신 이소영 팀장님, 촬영을 맡아주신 신명우 실장님께 감사의 마음을 전합니다.

2018년 3월
저자 일동

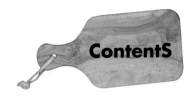
ContentS

Chapter 3
FOOD STYLING

Chapter 4
FOOD THINK

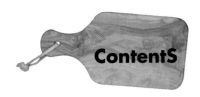

ContentS

Chapter 7
FOOD COOK

CHAPTER 1

FOOD STYLIST

푸드 스타일리스트는 음식을 먹음직스럽게 보이도록 연출하며 국내·외 식품 관련 자료를 수집하여 컨셉에 맞춰 공감각적으로 연출하는 기획자이다. 계산되고 의도되어진 미학적 아이디어를 통하여 맛과 멋과 아름다운 이미지를 창조한다. 음식은 문화이며 미학적, 감성적 접근이 필요한 종합예술이다.

Food Stylist

001 푸드 스타일리스트

우리는 언제부터인가 음식이라는 말에 문화를 붙여 쓰기 시작하였다. 이렇듯 음식의 문화적 인식은 인간생활 전반의 이데올로기적 감성에 영향을 미치고 있으며, 사회구성원간의 소통적 역할, 즉 커뮤니케이션에 있어서 매우 중요한 매개체로 자리를 잡았다.

더불어 현대 사회에서는 음식이 단순히 미각만을 충족시키는 본능적 기능뿐만 아니라 하나의 예술적 개념으로 조명되고 있고, 음식의 시각적인 요소, 즉 미학적 기능이 음식의 문화적 가치를 높여주는 새로운 분야로 인정받고 있다.

칸트는 "아름다움의 뒤편에는 그 아름다움이 구성되는 모양, 배열, 리듬이 있기 때문에 예술가의 노력을 읽어내는 미학적 훈련과 미학적 인식이 있다면 예술가가 가졌던 영혼에도 이를 수 있다"고 하였다.

즉, 푸드 스타일리스트는 계산되고 의도되어진 미학적 아이디어를 통하여 맛과 멋과 아름다운 이미지를 갖는 음식의 문화적 컨셉을 창조해내는 것이다. 음식은 이제 상품이 아니라 문화이며 미학적, 감성적 접근이 필요한 종합예술의 형태로 체계화되고 있다. 또한 현대 사회의 세분화된 라이프스타일과 생활패턴의 변화로 인하여 고급화되고 세련된 이미지의 문화양식으로 변모해 가고 있는 것이다.

이와 같이 푸드 스타일리스트가 추구하는 음식의 문화적 가치는 어메니티(amenity) 사상을 통해서 그 의의를 찾아볼 수 있으며, 음식문화와 어메니티 사상은 포괄적으로 맥락을 함께 하고 있다고 생각할 수 있다. 윌리엄 홀포드(Willian Holford)는 "어메니티는 단순히 하나의 성질을 말하는 것이 아니라 복수의 가치를 지닌 총체적인 카탈로그이다. 그것을 예술가가 눈으로 보고 건축가가 디자인하는 아름다움은 역사가 낳은 상쾌하고 친근감있는 풍경을 포함한다.

궁극적으로 푸드 스타일리스트는 인간이 문화적 가치를 지닌 환경에 접하면서 쾌적함 · 즐거움 등을 느낄 수 있는 어메니티 공간으로서의 식생활 환경을 창조하는 식문화 연출자이며 食에 관련된 전문지식, 표현능력, 기술 및 예술적 감성을 바탕으로 하는 전문가인 것이다.

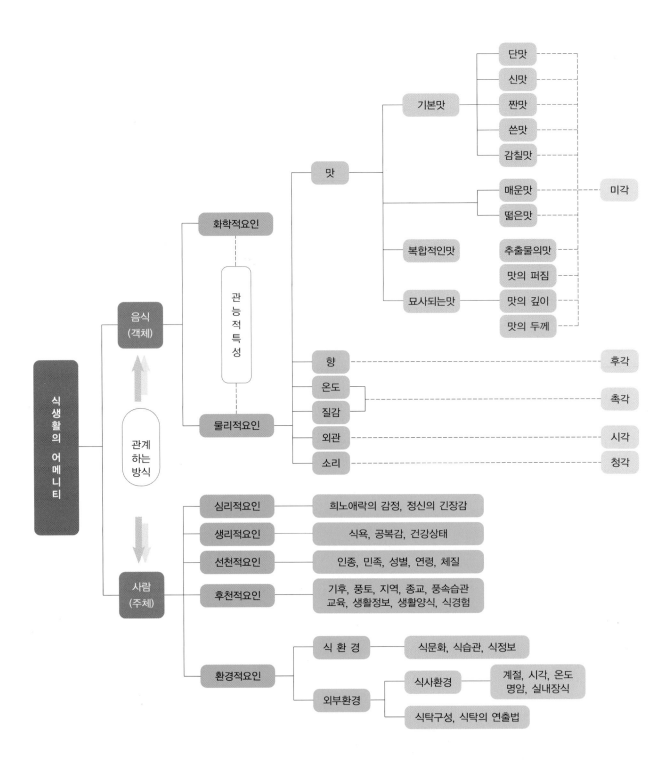

출처 : 일본 푸드스페셜리스트 협회 편저, 권순자 외 2인 공영, 2004, 푸드코디네이트론, 시그마 프레스(주)

〈표 1-1〉 식생활에 있어서의 어메니티의 구성요인

1) 푸드 스타일리스트_{What}

한국직업사전에 나타난 푸드 스타일리스트의 사전적 정의는 '테이블 공간을 디자인하고 음식을 보다 먹음직스럽게 보이도록 연출하며, 국내·외 요리, 식기, 소품, 인테리어 등의 관련 자료를 수집하고 분석하여 요리의 특성과 의뢰자가 원하는 구성에 맞춰 테이블 공간을 연출하고, 조리한 요리의 특징을 고려하여 어울리는 그릇에 담는다. 또한 테이블 주변에 어울리는 소품연출, 전체적인 세팅과 음식의 조화를 확인하고 카메라에 담겨진 구도를 사진작가 및 스텝들과 협의하여 촬영하고, 외식업체에서 메뉴를 개발하거나 메뉴에 어울리는 소품을 준비하여 직접 구성에 알맞은 요리를 준비한다.' 라고 하였다.

즉, 푸드 스타일리스트는 음식 또는 식품에 컨셉에 맞춘 시각적 이미지를 공감각적으로 연출하는 종합 예술가이며 기획자이다. 푸드 스타일리스트는 영화, TV, 비디오, 광고 등에 사진촬영을 위해 화면에 배치하는 요리 및 식기, 패브릭, 소품, 식품 등을 준비하여 주로 화상제작에 직접 관여하는 일을 한다.

그리고 사진이나 화면을 통해 시각적인 아름다움으로 요리에 대한 오감을 느낄 수 있도록 만드는 일, 행사나 주제에 맞게 새로운 요리를 만들어 내거나 화보나 영상을 위해 보기 좋게 장식하는 일이 주 업무이다.

또한 촬영을 위하여 식재료나 조리된 음식을 촬영이 끝날 때까지 신선하고, 자연스럽고, 먹음직스러운 느낌을 그대로 유지할 수 있도록 감각을 실어 작업을 하며, 다양한 식재료나 요리를 기획·연출하고 각종 소품들을 활용하여 시각적으로 먹음직스럽게 형상화된 음식예술품을 만들어낸다. 더불어 식공간 연출이나 파티 플래닝을 맡기도 한다.

이러한 푸드 스타일리스트의 영역은 상위개념인 푸드 코디네이션의 한 부분으로 푸드 코디네이션의 전체 작업 중에서 푸드 스타일리스트가 담당해야 할 비중이 가장 많기 때문에 이 부분이 특화되어 독립된 직업으로 형성되었다.

2) 푸드 스타일리스트의 영역Field

푸드 스타일리스트의 영역은 식품산업 전반에 걸쳐 다양한 기능을 수행하며, 그 활동영역을 넓혀가고 있다. 푸드 스타일리스트의 외적인 면을 보면 상업적으로 소비자의 구매 욕구를 자극하여 수익을 창출하는데 목적이 있으나, 내적인 면을 보면 수준 높은 미를 창조하기 위하여 순수예술과 인문학에 바탕을 두고 실용적인 목적과 밀접한 관계를 맺고 있다. 푸드 스타일리스트의 실제적인 영역을 크게 분야별 기능별로 나누어 살펴보면 다음과 같다.

(1) 분야별 영역

• **출판사** : 생활 잡지, 여행 잡지, 외식관련 잡지 등에 식품 및 조리된 음식을 연출하고, 각종 무크지, 요리책, 식품 및 조리 관련서적, 단행본의 식품이나 조리된 음식을 연출한다.

• **방송국, 케이블 TV** : 드라마, 다큐멘터리 프로그램에서 식품 및 조리된 음식을 연출한다. 상품의 정보 전달에 도움을 주는 조리된 식품과 세팅, 판매될 제품의 비주얼을 위한 식기와 음식, 테이블 세팅 등을 연출한다.

• **광고대행사** : 식품이나 조리된 음식의 연출에 의한 광고 제작에 참여한다. 예를 들어 CF, 패키지, 포스터 등에서 푸드 스타일리스트의 역할을 찾아 볼 수 있다.

• **식(食)공간 연출** : 공간 연출가로 식탁 위의 모든 소재들을 조화롭게 세팅한다.

• **메뉴 및 푸드 컨설팅** : 새로운 조리법 개발과 이윤 창출을 위한 메뉴 디자인을 개발한다.

• **호텔, 레스토랑 컨설팅** : 메뉴 플래닝, 컨셉 결정, 주방의 집기나 식기류, 장식에 대해 총괄적으로 관리한다.

• **파티기획** : 이벤트, 기념일, 연회 등에서 음식을 기획하고 공간을 총연출한다.

• **사보 발행** : 식품회사에서 발행하는 사보의 형태는 사

내에서 읽혀지는 사내보와 사외 홍보용으로 제작하는 사외보가 있다. 사보지의 홍보와 정보제공을 위한 목적으로 음식이 삽입되기도 하는데, 이때 푸드 스타일리스트가 동참한다.

(2) 기능별 영역

푸드 스타일리스트는 음식과 관련된 전문직 기능인으로 활약하고 있다. 컨셉에 따라 한식, 중식, 일식, 서양식, 제과제빵, 이 시대의 식품화 트렌드인 퓨전식, 웰빙식 그 외 인도식, 동남아식 등 각자의 특징을 적합하게 표현한다.

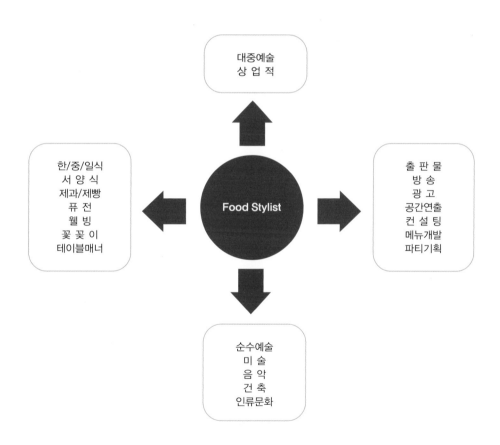

〈표 1-2〉 푸드 스타일리스트의 영역

3) 푸드 스타일리스트의 교육 Education

푸드 코디네이트 또는 푸드 스타일링 등은 실용학문으로서 정착되어 국내에도 정규 학위과정의 개설이 일반화되었으며, 사설학원 및 특수대학원 과정을 통해서 일반인들도 쉽게 접할 수 있게 되었다.

구분		교육 기관	교육과정	비고
국내	정규대학과정	강원관광대학, 부산여자대학, 우송공업대학, 여주대학	푸드 코디네이트	2년
		대경대학, 대구산업정보대학, 동부산대학, 백석문화대학, 양산대학, 청강문화산업대학, 혜전대학, 혜천대학	푸드 스타일링	2년
	일반인특수과정	숙명여자대학교 특수대학원	테이블 데코레이션	2년
		숙명여자대학교 특수대학원	테이블 화훼디자인	1년
		숙명여자대학교 한국음식연구원	푸드 코디네이터	45주
		성신여자대학교 문화산업대학원	파티플래너&프로듀서	15주
		이화여자대학교 평생교육원	파티플래너&테이블세팅	15주
		신흥대학 특별과정	푸드 코디네이터	1년
	사설학원	라퀴진, 조은정식공간연구소, 강홍준탑스튜디오 쿠킹아트센타, 황규선리빙컬쳐, 수도요리학원, 배윤자요리학원, Feel&Life Academy, KFCA, 오정미 Food Art Institute, 세계음식문화연구원, 원, FnC Korea, henzStyle	푸드 코디네이트 푸드 스타일링 테이블 코디네이트 플로랄디자인 식공간연출	6개월~ 1년
국외		日本.武藏野調理師專門學校 (http://www.musashino-chouri.ac.jp)	조리사과	1년
		日本.新宿調理師專門學校 (http://shincho.ac.jp)	조리사과	1년
		日本.東京誠心調理師專門學校 (http://www.seishingakuen.ac.jp)	푸드코디네이터전공과	1년
		日本.BLOSSOM OF NAOKO (https://www.bon-omotenashi.net)	푸드 스타일리스트- (기초, 중급, 연구, 디자인1·2)	각1년
		日本.Japan Food Coordinator School (http://www.jfcs.co.jp)	푸드코디네이터 (기획~관리)	1년
		日本.SUKENARY YOKO Cooking Art Seminar (http://www.sukenari.co.jp)	푸드코디네이터 STEP 1, 2, 3	각5개월
		프랑스.le cordon blue (http://www.cordonbleu.edu)	Diploma Programs Certificate Programs	각7개월 각2개월
		美國.CIA(Culinary Institute of America) (http://www.ciachef.edu)	(B.P.S.) Degree in Culinary Arts (A.O.S.) in Culinary Arts	38개월 21개월

〈표 1-3〉 푸드 스타일리스트 & 코디네이터 교육기관 현황

CHAPTER 2

FOOD DESIGN

조리한 음식을 단순히 푸짐하게 만 담아내면 그 음식은 맛이 없어 보일 수 있다. 그러나 음식과 어울릴 수 있는 그릇과 요리의 담음새까지도 신경을 쓴다면 보는 즐거움까지 동시에 얻을 수 있을 것이다.

음식을 맛있어 보이게 하는 예술성은 시각적인데 있다. 즉 조형요소와 원리가 적용된 시각적인 외형에서 음식이 맛있게 보이는 것을 연출할 수 있다는 것이다. 요리의 외형은 일반적으로 주변 환경이나 조명에 의해 영향을 받기는 하지만 그 뿐만 아니라 그릇 위에 놓인 음식의 크기, 모양, 색채 등에 의해서 영향을 받는다.

음식은 조리한 사람의 생각과 느낌을 표현하는 것이다. 이러한 음식은 맛과 디자인이라는 시각적 미를 동시에 표현하여 식사하는 사람들의 마음까지도 움직이게 해야 한다.

요리를 연출하는 사람들은 완성된 요리를 가지고 특별한 지식과 기술을 이용하여 여러 가지 이미지를 재구성하고 형상화하여 보여주게 된다. 이러한 형상화는 요리에 디자인 개념을 적용시켜 시각적 아름다움을 극대화하고, 접시 위에서 음식의 맛과 멋을 표현하는데 있다.

Food Design

001 디자인의 구성요소

점, 선, 면, 입체로 구분된다.

점

선

면

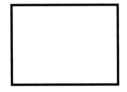

입체

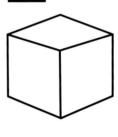

형태	동정인 형태	정적인 형태
점	위치만 있고, 길이, 폭, 넓이 등의 물리적 양이 없음	선의 한계, 교차
선	점의 이동, 길이는 있고 폭이 없음, 위치와 방향을 가짐	면의 한계, 교차
면	선의 이동, 길이와 폭은 있고 두께가 없음	입체의 한계
입체	면의 이동, 공간적 부피를 가짐	(길이, 폭, 깊이가 있음)

〈표 2-1〉 디자인 요소의 형태분류

1) 점Point

점은 생성되는 것 중에서 가장 단순한 요소이다. 점은 무한히 미세하고 크기가 없다고 하지만 접시 위에서의 점은 아무리 작아도 모양과 크기를 갖는다. 점은 면적과의 구조와 깊은 관계를 갖는데, 예를 들어 작은 면적에서는 점이 크게 모이고 넓은 면적에서는 상대적으로 점이 작아 보인다. 점의 크기는 면적과 관찰자의 거리와 관계가 있다.

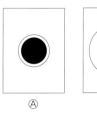

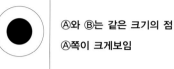

Ⓐ와 Ⓑ는 같은 크기의 점

Ⓐ쪽이 크게보임

2) 선Line

선은 점과 점을 잇는 공간 측정의 수단을 의미하며 넓이와 깊이가 없고 다만 길이만 있다. 그러나 음식에서의 선은 넓이와 굵기, 질감, 외관상의 특성을 포함한다. 즉 선은 직선, 곡선, 굵은 선, 가는 선, 실선, 점선 등으로 표현될 수 있다. 음식은 직선보다는 사선으로 놓아주면 여러 음식이 한 시선에 들어오게 된다.

	수평	수직	사선
인상	지평선, 안정감, 안도감, 소극적, 정적(안정, 침착, 고요, 확대, 무한)	긴박감, 순간성, 긴장감, 직접적(낙하, 상승)	불안정감, 현대적, 활동적
형태			

〈표 2-2〉 선의 각도에서 받는 인상

3) 면 Facet

면은 공간을 구성하는 기본 단위이며 선의 이동에 의해서 성립된다. 면은 평면적인 이미지로 다양하게 활용되며 접시 크기나 형태로 결정되거나 요리의 규모나 넓이 등으로 표현된다.

4) 입체 Volume

입체는 면이 움직여서 3차원의 공간에서 위치를 가지며 폭, 높이, 깊이로 이루어진다.

 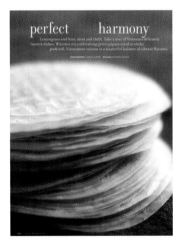 

5) 형 Shape

형이란 선에 의해서 둘러싸여진 평면적 2차원적 영역을 뜻하며, 외형적인 모양을 가리킨다. 또한 면의 경계나 윤곽선의 형상에 의해서 결정되고 면에 의해 모양과 형태가 지각된다. 즉, 선의 연장이라고 볼 수 있으며, 시지각에 있어서 색이나 질감보다 우선적으로 지각하게 된다.

(1) 형태의 본질성

하나의 윤곽선이 시각적 관심과 주의를 끌며 연속적으로 지각되는 동안 형태가 인식된다. 형태는 상태, 자태, 모습, 부분의 배열, 눈에 보이는 양상과 같은 속성을 지니고 있다. 형태의 지각은 단순한 형태가 복잡한 형태보다 더욱 정확하게 혹은 쉽게 지각될 수 있다.

① 삼각형 모양

② 사각형 모양

③ 원 모양

④ 다양한 형태의 모양

새로운 형태를 탄생시키는 것은 기본 형태들이 동등한 강도를 가지고 있거나, 유사한 또는 똑 같은 형태적 특성을 가지고 있어야 한다. 형태를 결합시키는 방법은 서로 닿거나, 겹치거나, 분리시켜서 새로운 형태로 인식되도록 한다.

－유사한 형태가 결합되면 다른 형태의 모양이 생성

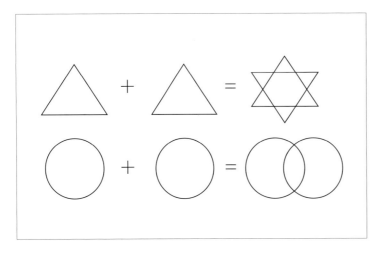 

(2) 형태의 인식

형태는 하나의 윤곽선에 의해 시각적 관심과 주의를 끌며 연속적으로 지각되는 동안 동시에 형태가 인식되어짐을 알 수 있다.

① 형태의 열림과 닫힘

완전하게 폐쇄된 형태는 열려있는 형태보다 쉽게 인식한다.

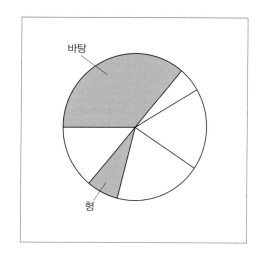

② 형태의 영역 지각

형태의 내부가 다른 크기로 분할될 경우, 작은 면적이 형태로 지각되고 큰 면적이 배경으로 지각된다.

③ 형태의 방위

같은 배경이라도 형태의 방위에 따라 관찰자의 지각에 영향을 준다.

(3) 새로운 형태의 창조

새로운 형을 만드는데 필요한 최초의 기본형들이 성공적으로 결합되기 위해서는 동등한 강도를 가지고 있거나, 유사한 혹은 똑같은 형태적 특성을 가지고 있어야 한다. 형태를 결합시키는 몇 가지 방법은 서로 닿거나, 겹치거나, 분할되어서 새로운 하나의 형으로 지각되도록 하는 것이다.

의미	내용
① 분리	두 개의 원이 서로 가까이 있을 때라도 독립해 있다.
② 접근	두 원이 서로 닿기 시작한다.
③ 중첩	어떤 형태가 앞에 있는지 뒤에 있는지 분명해진다.
④ 침투	확연한 상하관계는 없고 두 원의 윤곽을 모두 볼 수 있다.
⑤ 통합	두 원이 서로 겹쳐져 하나의 형태가 되고 윤곽선을 일부를 잃었다.
⑥ 공제	무형의 형태가 덮어버린 유형의 일부분이 보이지 않는다(음형의 중첩).
⑦ 교차	두 원이 서로 겹쳐진 부분만 볼 수 있다.
⑧ 합치	두 원이 모두 겹쳐져서 하나로 보인다.

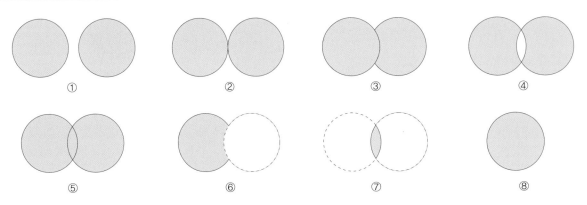

〈표 2-3〉 새로운 형태의 창조

쉬어가기

중첩

중첩은 시각적 영역 안에서 어떤 형이나 형태가 부분적으로 덮어 감출 때 생기며 앞, 뒤, 위, 아래, 사이에 여러 개가 겹쳐지는 것과 관련이 있다. 중첩현상은 완전한 형태가 불완전한 형태의 위나 앞에 있는 것으로 인식된다.

다양한 형태의 상호관계

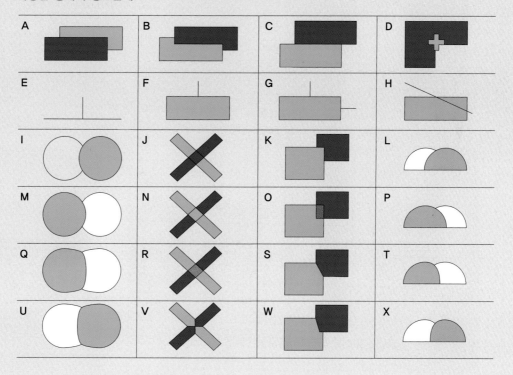

출처 : 최경우, 중첩의 개념과 형태. -공간적 유형 특성을 적용한 전시공간 계획에 관한 연구, 건국대 건축 전문대학원, 석사학위 논문, 2007.

6) 명암 Light and dark

빛은 사물의 존재를 분명하게 하고, 어둠은 무지와 애매함을 뜻한다.

7) 질감 Texture

질감은 물체의 표면이 가진 질감이다. 촉각으로부터 시각적 촉감에 이르기까지 모든 느낌을 말한다. 재질감은 실제로 손으로 만져서 알 수 있는 촉각적 텍스처(tactile texture)와, 눈으로 그 촉감의 차이를 구별하여 느낄 수 있는 시각적 텍스처(visual texture)로 나눌 수 있다. 시각적 텍스처는 금속으로 된 컵, 빛나는 유리잔, 솜털이 보송보송한 복숭아, 투명한 보도 등이 그 예이다.

부드러움

거칠음

매끄러움

쉬어가기

형태와 배경의 관련성

- 두 개의 영역이 같은 외곽선을 가질 때, 모양을 갖는 것이 형태이고 다른 하나는 배경이다.
- 바탕은 형태의 뒤쪽에 있는 것처럼 보인다.
- 형태는 사물처럼 보이고 배경은 그렇지 못하다.
- 형태의 색채는 배경보다 실질적으로 보인다.
- 같은 거리에서 관찰할 때 형태는 가깝게 느껴지고 배경은 멀게 느껴진다.
- 형태는 배경보다 인상적이고 쉽게 기억한다.
- 형태와 배경이 동시에 공유하는 선을 윤곽이라 하고 윤곽은 형태의 속성을 나타낸다.

8) 색채_{Color}

색은 색상, 명도, 채도의 세 가지 요소로 되어 있으며, 이것을 "색의 3속성"이라 한다. 이러한 속성에 의해서 색을 지각하고 다른 색과 구별하게 된다.

(1) 색의 3속성

① 색상(H, Hue)

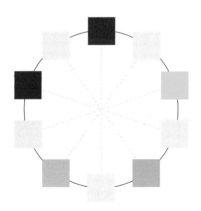

먼셀의 기본 5색

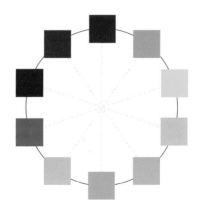

먼셀의 기본 10색

색과 색상을 구별하는데 필요한 것은 색채의 이름이다. 물감의 3원색인 1차색 빨강, 노랑, 파랑의 세 가지 기본색을 혼합하여 여러 가지 색상을 질서 정연하게 정리하여 둥글게 연결한 것을 색상환이라 한다. 우리나라에서는 먼셀색체계의 10색상환을 기준으로 한국색채연구소에서 규정한 색명을 사용한다.

색상의 분할은 R(빨강), Y(노랑), G(초록), B(파랑), P(보라)의 5가지 주요 색상에 YR, GY, BG, PB, RP
의 중간색을 삽입한 합계 10색상을 둥글게 연결하여 10색상환으로 표기하고 있다.

② 명도(V, Value)

색의 성질 가운데 밝기의 개념으로 빛에 민감하게 반응한다. 물체의 밝고 어두운 정도를 "명도"라
하며, 색이 밝을수록 명도가 높아지고 어두울수록 명도가 낮아진다.

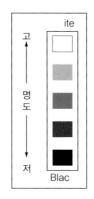 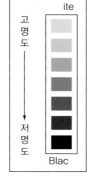

색상환에 의한 명도　　　　　　노란색에 의한 명도 예

③ 채도(C, Chroma)

색의 선명한 정도를 말하는 것으로 색의 맑고 탁한 정도를 의미한다. 한 색상 중에서 가장 채도가 높
은 색을 순색이라 하며, 순색은 선명하고 강한색이다. 무채색을 혼합하면 채도가 점차 낮아지고 마지막
단계인 흰색, 검정, 회색이 된다.

 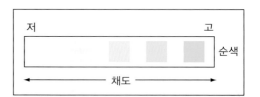

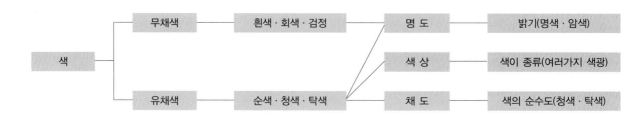

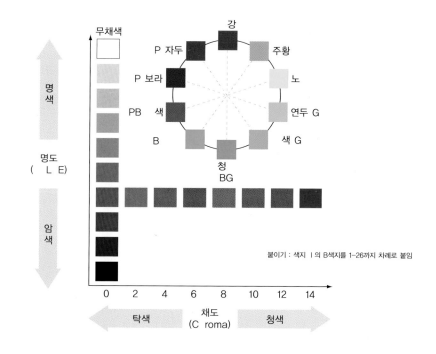

(2) 색조 T, Tone

색의 명암이나 강·약 또는 농담 등을 표현하며 톤은 명암과 채도가 섞인 것이다. 색조의 개념을 이해하면 폭넓은 방법의 배색을 선택할 수 있다. 색조표를 기준으로 수평방향은 채도의 높고 낮음, 수직방향은 명도의 높고 낮음을 의미한다. 선명한 톤(vivid), 강한 톤(strong), 밝은 톤(bright), 은은한 톤(light), 희미한 톤(pale), 흐릿한 톤(light grayish), 탁한 톤(grayish), 수수한 톤(dull), 어두운 톤(dark), 진한 톤(deep), 어두운 톤(dark grayish)으로 분류된다.

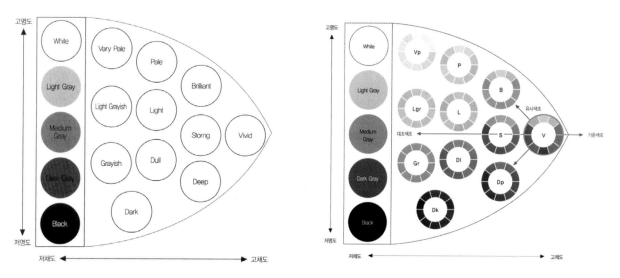

11가지 색조

(3) 푸드 스타일링과 배색의 구성요소

배색이란 일반적으로 2색 이상을 사용해 구성하는 색의 조합이다. 배색을 생각할 때는 대상에 수반되는 일정한 면적과 용도 등을 고려해야 하는데 어떤 분야라도 배색의 구성요소에는 공통된 법칙성이 존재한다. 이들은 주로 배색으로 선정할 때 필요한 지식으로 면적에 비례하는 경우가 많다. 색 의미는 외적요인(기후, 풍토, 경제, 문화 등)보다도 내적요인에 의해 강하게 규정되는 것을 나타내고 있다. 색채를 통해 국제적으로 의사전달까지도 가능하다는 것이다.

① 배색의 구성요소

주조색	보조색	강조색

주조색 (dominant color)	사용된 배색 중에서 가장 넓은 면적을 차지하고 배경색으로 이용된다.
보조색(종속색) (assort color)	주조색 다음으로 면적 비율이 크고, 출현 빈도가 높은 색으로 보통 주조색을 보조하는 역할을 담당한다.
강조색 (accent color)	장식색이라고도 하고 차지하는 면적은 가장 작지만 배색 중에 제일 눈에 띄는 포인트 컬러로 전체 색조를 마무리하거나 시선을 집중시키는 효과가 있다.

② 스타일링 색채 선택 플랜(plan)

1. 컨셉 설정	선호하는 이미지, 유행 등 클라이언트가 원하는 방향, 스타일리스트가 연출하고자 하는 컨셉을 설정한다.
↓	
2. 주조색 설정	가장 넓은 면적을 차지하며 이미지를 좌우하는 색으로 컨셉에 맞는 이미지로 전체적인 주조색을 결정한다. 전체 면적의 60~70%에 해당된다.
↓	
3. 보조색 선택	주조색을 기준으로 색채 조화 원리의 방향을 결정하는데 예를 들어 동일, 유사, 보색 등의 배색원리를 참고하여 한 가지를 고른다. 보조색은 전체 면적의 20~30% 정도가 적당하다.
↓	
4. 강조색 선택	주조색, 보조색을 돋보이게 하면서 전체적인 이미지를 강조할 수 있는 엑센트 칼라로 전체 면적의 5~10%에 해당된다.
↓	
5. 시안 작업	이와 같은 작업을 통해 스타일링 전에 컬러를 맞춰 시안 작업을 한다.

출처 : 성인혜, 황인자 공저, 기분 좋은 선물 포장, 중앙 M&B, 2004

③ 색상의 조합

• 동일배색

같은 색상이 모여 있는 배색으로 색상이 같기 때문에 색의 변화는 명도 또는 채도에 의해 이루어진다. 일반적으로 많이 행해지는 방법으로 조화감도 쉽게 얻을 수 있다.

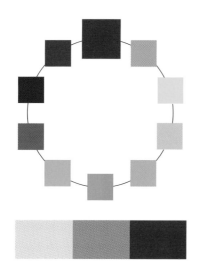

• 유사배색

색상이 비슷한 색끼리의 배색으로 색상환 바로 옆에 있는 색상끼리 배색하는 방법이다.

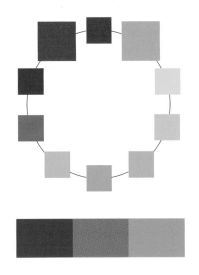

• 반대배색

색상에 의한 변화가 큰 색 배색으로 채도를 맞추어 통일감을 주는 방법이 일반적이다. 활동적이며 다이나믹하고, 자극적인 이미지가 된다.

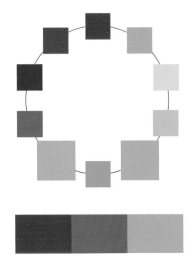

• 보색배색

색상환에서 서로 반대쪽에 위치한 색들로 시각적으로 강한 효과를 나타내는 색으로 생명력있고, 탄력있는 효과를 낸다.

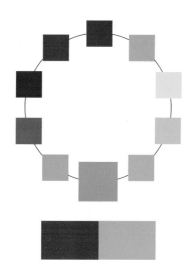

④ 톤의 조합

톤이란 색채에서는 필수적인 개념으로 색의 명암 및 농담, 강·약 등의 상태를 가리키는 명도와 채도의 복합개념이다.

• 톤인톤(tone in tone) 배색

톤은 동일하지만 색상에 대해서는 제약 없이 비교적 자유롭게 선택한 배색을 말한다. 즉, 동일톤에 색상의 변화를 준 것이다.

• 톤온톤(tone on tone)배색

동일 색상으로 다양한 톤의 배색을 말한다. 즉, 동일색상이나 유사색상의 배색에 톤의 변화를 준 것이다.

(4) 색채와 미각

사람들은 음식의 색과 맛을 함께 연동하여 느낀다. 음식은 시식하기도 전에 색만을 보고 그 맛의 느낌을 알 수 있다. 시각에서 색채의 세 가지 요소를 색상, 명도, 채도라고 한다면 미각의 요소는 맛의 종류, 질감, 수용도로 볼 수 있다. 맛의 네 가지 기본 맛은 짠맛, 신맛, 쓴맛, 단맛이 있다. 난색 계열색의 음식이 단맛, 신맛 등 미각을 자극하는 반면, 한색 계열색의 음식은 쓴맛, 짠맛과 관계가 있다.

• 단맛 : 레드, 핑크, 오렌지

미각을 자극하는 맛으로 주황색은 식욕을 가장 자극하는 색으로 알려져 있으며, 분홍색은 아주 단맛
보다는 달콤한 느낌을 더 가지고 있다.

• 신맛 : 옐로우, 옐로우 그린

보기만 해도 입안에 침이 고인다고 말할 수 있는 색으로 신맛을 대표하는 레몬의 노랑이나 녹색이 주
류를 이룬다. 과일의 덜 익은 색인 녹색은 신맛을 가장 많이 자극한다.

• 쓴맛 : 브라운, 올리브 그린, 블랙

커피와 한약처럼 쓴맛의 대표적인 색은 짙은 갈색이나 검정으로 표현된다. 주로 어두운 계통의 색이 쓴맛을 상징하는데 색의 농축된 이미지가 강하여 단맛이나 신맛이 너무 강할 때도 쓴맛을 느낀다.

• 짠맛 : 블루 그린, 화이트, 라이트 그레이

짠맛하면 가장 먼저 소금을 떠올린다. 소금의 흰색이나 밝은 회색이 짠맛의 대표적인 색이다. 주로 바다에서 나는 해산물의 색채가 녹색 계통의 한색인 경우가 많다.

SOFT

COOL

WARM

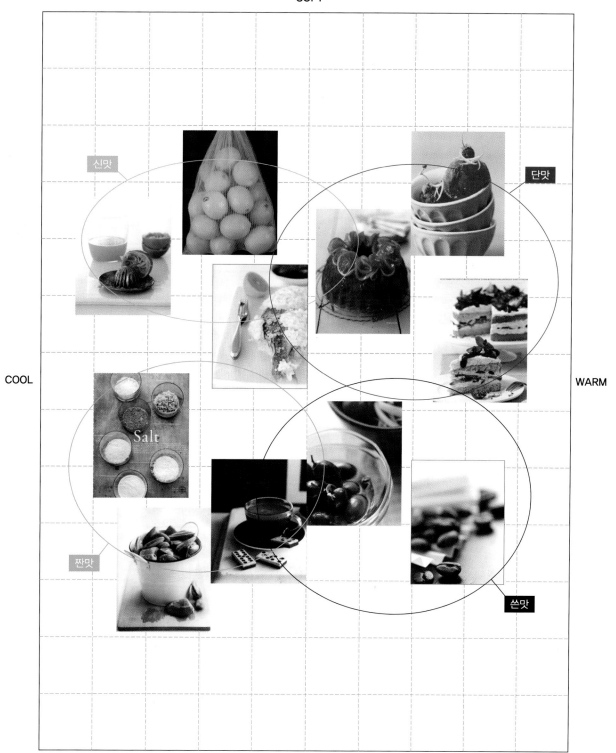

신맛

단맛

Salt

짠맛

쓴맛

HARD

참조 : 김현영, 손경애, 여화선 공저, Color Color Color, 예경, 2003

(5) 요리에서 색채가 차지하는 비중

인간의 오감을 100%로 볼 경우 시각이 차지하는 비중이 87%라고 한다. 그만큼 색이 가지고 있는 역할이 클 수 밖에 없다. 색채는 형태와 함께 디자인의 시각적 효과를 좌우하는 중요한 요소이다. 이는 색채가 심미성을 포함하여 인간의 자각이나 감성을 지배하기 때문이다. 따라서 디자인에 있어서 색채를 단순히 심미성뿐만 아니라 생산성의 목적과 용도에 대해 심리적, 생리적, 정신적, 물리적으로 합치된 기능성을 갖도록 계획해야 한다.

생활이 다양화되고 고급화되면서 음식의 영양뿐만 아니라 시각적인 아름다움까지 추구하는 식문화로 바뀌어가면서 음식에서도 색의 중요성이 인식되고 있다.

푸드 스타일링이 단순한 스타일링에 머물지 않고 종합 예술가로써, 식(食)을 기획함과 동시에 시각적인 미(美)를 만족시킴으로써, 식욕을 상승시킬 수 있는 역할로써, 레스토랑의 테이블 세팅, 식기, 인테리어까지 종합적으로 코디네이션 할 수 있는 능력들이 요구되어지고 있다. 음식이 인간에게 주는 기호적 가치는 시각적인 면, 맛, 기타가 각각 80%, 15%, 5%를 차지한다고 하니 색채가 얼마나 중요한 부분인지 알 수 있다.

음식에서 색채가 차지하는 비중은 5%, 25%는 식기류, 70%는 식공간 등이 차지하게 된다. 이처럼 음식과 관련된 색채는 음식만이 아니라 주위의 식사환경(식탁, 데이블, 공간), 식기 및 집기류 등 여러가지 요인들이 있다.

002 디자인의 구성 원리

디자인의 구성 원리는 푸드 스타일에 있어서 발상의 기초적인 원리를 이해하도록 한다. 디자인의 구성 원리를 이해하여 푸드 스타일의 흥미를 유발하고 창의력을 개발하여 시각적 효과를 극대화 할 수 있다.

1) 통일Unity

통일은 여러 요소, 소재 또는 조건을 선택하고 정리하여 하나의 완성체로 종합하는 것을 의미한다. 즉 하나의 전체가 부분보다 두드러져 보여야 하며 각각의 요소들을 따로 분리시켜 보기 이전에 전체적인 것을 먼저 볼 수 있도록 해야 한다는 것이다. 감각적으로나 실제적으로 형, 색, 양, 재료 및 기술상에서 미적 관계의 결합이나 질서를 말하며, 디자인에서 전하고자 하는 이야기를 명확하고 효과적으로 전달하기 위한 것이다. 그러나 너무 통일에 치우치면 단조로울 수 있으므로 적절한 조화가 필요하다.

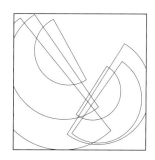 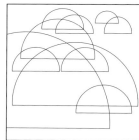 

2) 변화Variety

변화는 통일과 떼어 놓을 수 없는 관계에 있으며, 통일의 영역을 침해하지 않는 범위 내에서 변화가 이루어져야 그 가치를 얻을 수 있다. 적절한 변화는 비례, 율동, 대비, 점증, 변형, 동세 등을 잘 조화시켜 나가야 한다.

3) 균형Balance

   균형은 자연스러운 평형이 유지되었음을 의미하고 대칭과 비대칭, 비례가 어우러져 함께 연출해 낸다. 두 개 이상의 요소 사이에서 부분과 부분, 전체 사이에 시각상의 힘이 안정되어 있으면 보는 사람에게 안정감을 주고 명쾌한 감정을 느끼게 한다.

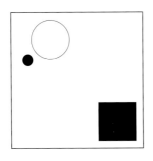 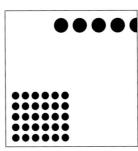 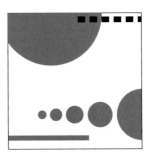

(1) 대칭Symmetry

   대칭은 균형에서 가장 정형의 구성 형식이며, 사원의 건축양식이나 전통적 가구 등에서 대칭의 형식을 찾을 수 있다.

종류	그림	내용	
선대칭		중심이 되는 대칭축에 의해서 좌우나 상하가 같은 형태로 되는 것, 데칼코마니와 같이 두 형이 서로 겹쳐져서 포개어지는 것을 선대칭이라고 부른다. 예) 사원 건축	

계속

종류	그림		내용	
방사대칭			도형을 중심점 위에서 일정한 각도로 회전시키면 방사상의 도형이 생기는 것을 회전 대칭이라고도 하며, 도형을 180°로 이동하면 상하의 도형이 반대로 되는 것은 역대칭이라 한다. 예) 풍차, 우산 등	
선대칭			도형이 일정한 규칙에 따라 평행으로 이동해서 생기는 형태이다.	
확대대칭			도형이 일정한 비율로 확대되는 형태이다.	

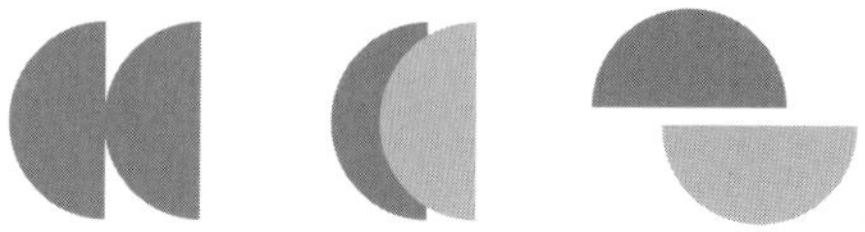

(2) 비대칭Asymmetry

비대칭은 형태상으로는 불균형이지만 시각상의 힘이 정돈에 의해 균형을 유지하려고 한다. 비대칭의 다양성은 대칭보다 훨씬 매력적이고 은밀한 신비로움을 준다.

① 명도와 색채에 의한 균형

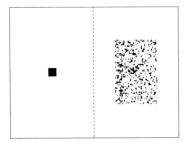

까맣고 작은 요소가 이보다 더 크고 밝은 것과 시각적으로 대등하다.

② 형과 텍스처에 의한 균형

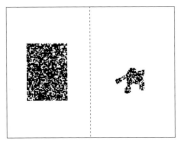

작고 복잡한 형태는 보다 크고 안정된
형태와 균형을 이룬다.

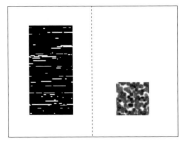

작지만 질감을 갖고 있는 형태는 이보다 더 크고
질감이 없는 형태와 균형을 이룰 수 있다.

(3) 비 례Proportion

비례는 다른 요소들이 어떤 정신적 규범이나 기준에 대비하여 측정해본 크기로서 물질의 크기나 길이에 대하여 그것이 가진 양과의 관계를 뜻한다. 즉, 대소의 분량, 장단의 차이, 부분과 부분, 부분과 전체의 수량적 관계가 미적으로 분할될 때 좋은 비례가 형성된다. 비례는 조형을 구성하는 모든 단위의 크기를 정하며, 각 단위 사이의 상호관계도 이것에 의해 정해지는 경우가 많다.

4) 조화 Harmony

조화는 둘 이상의 요소나 부분 상호간의 관계에 대한 미적 가치판단으로 감각적 효과를 발휘할 때 일어나는 미적 현상이다. 즉 부분과 부분, 부분과 전체 사이에 안정된 관련성을 주면서도 공감을 일으킬 때 조화는 성립된다. 조화는 심리적이고, 감각적인 측면에서 측정될 수 있는 부분으로서 모든 디자인 형식의 기초임과 동시에 이를 총괄하는 구성 원리이다.

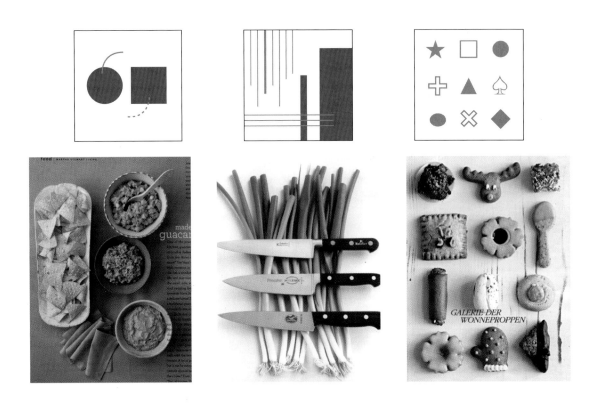

(1) 유사 Similarity

유사는 같은 성격의 요소들의 조합으로 이루어지며, 시각적 힘의 균형에 의한 감정 효과라 할 수 있다. 유사는 동일하지 않더라도 서로 닮은 형태의 모양, 종류, 의미, 기능끼리 연합해 한 덩어리를 만들 수 있다.

(2) 대비Contrast

대비란 전혀 다른 요소의 결합을 말한다. 구성 요소가 서로 반대되어 대립과 긴장을 표현하게 되고, 서로가 서로를 강조하게 되어 극적인 효과를 나타내며 대비는 단순한 반대만이 아닌 융통성있는 조합이다.

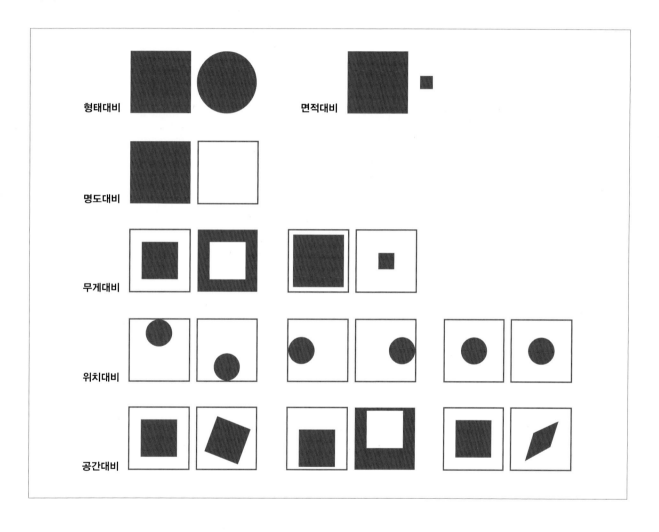

5) 율동 Rhythm

리듬은 동일한 요소나 유사한 요소들에 규칙적이거나 주기적인 일정한 질서를 주었을 때 느낄 수 있다. 반복, 점이, 강조 등은 리듬감을 살리는 좋은 표현 방법이다.

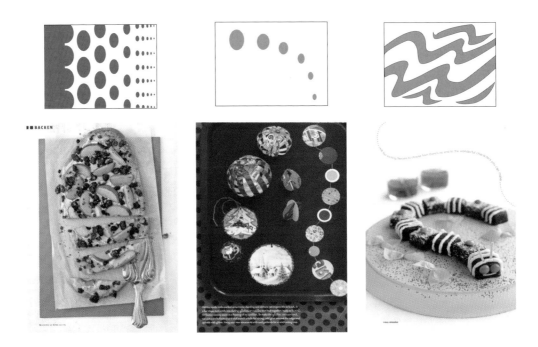

(1) 반복 Repetition

반복은 같은 형식의 구성을 반복시켜 시선을 이동시킨다. 이로써 동적인 느낌을 주어 리듬감을 표현하는 방법으로 시각적으로는 힘의 강·약 변화 효과라고 할 수 있다.

(2) 점이 Gradation

각 부분 사이에 단계적인 변화를 주면 점이 효과를 낼 수 있다. 색에서도 명도나 채도 사이에 일정한 비례를 주면 점이 효과를 얻을 수 있다. 점이는 반복의 경우보다 한층 동적인 표정이 있으며, 보는 사람에게 힘찬 느낌을 준다.

(3) 강조 Accent

강조는 어떤 주변조건에 따라 특정한 부분을 강하게 하여 변화를 주는 요소로서 순응에 반하는 것이다. 또한 강조는 주가 되는 것을 강하게 표현하는 것으로 단조로움에서 벗어나 변화와 통일을 갖게 전달내용의 주체와 핵심을 확인하고 유도하여 개성과 특성을 나타낸다.

003 푸드 디자인의 구도

우리는 푸드 스타일링을 할 때 무언가 말하려 한다. '접시 위에서 어떠한 구조로 구성할까' 라는 문제는 접시 위에서 음식을 아름답게 보이려는 방법론의 모색이다.

구도는 회화나 디자인에 있어 중심을 이루는 핵심보다는 제작상의 포인트가 있어야 할 경우 그것을 어디에 어떻게 놓을지가 중요하다. 주제의 특성에 맞는 구도가 이루어져야 좋은 작품이 될 수 있다. 다음의 몇 가지 기본 구도법을 변형하여 푸드 스타일링에 응용하도록 한다.

구분	느낌	구도	푸드스타일
삼각형	안정감, 중후감	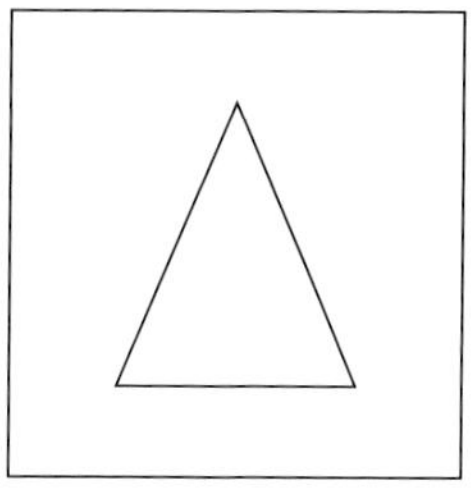	
수직형	고요하고 엄숙함	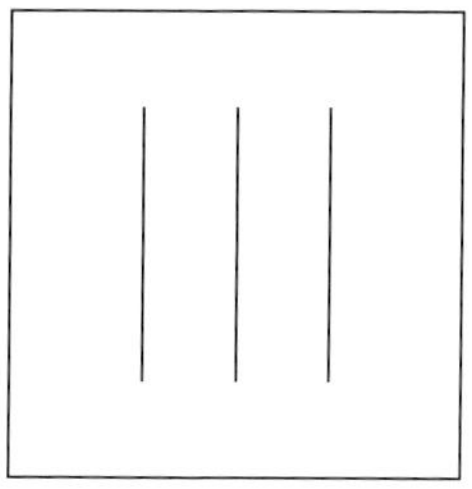	
수평형	평화, 고용, 넓이		

구분	느낌	구도	푸드스타일
십자형	넓이, 동적	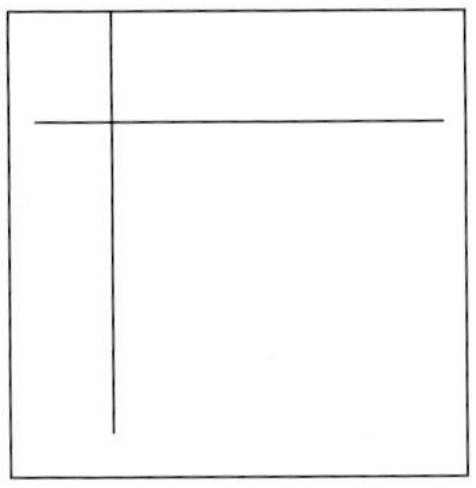	
수직 · 수평	견실한 느낌	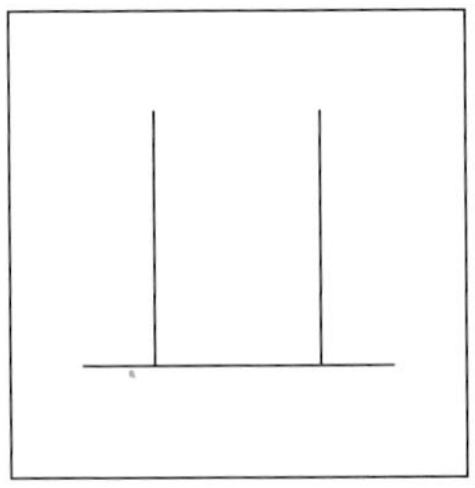	
부채꼴	퍼져나가는 느낌	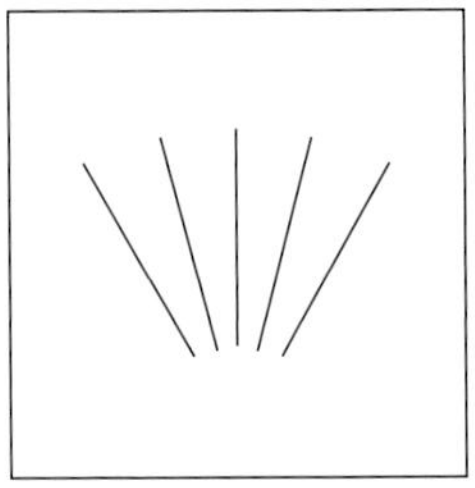	
방사형	구심적 통일감, 변화의 느낌		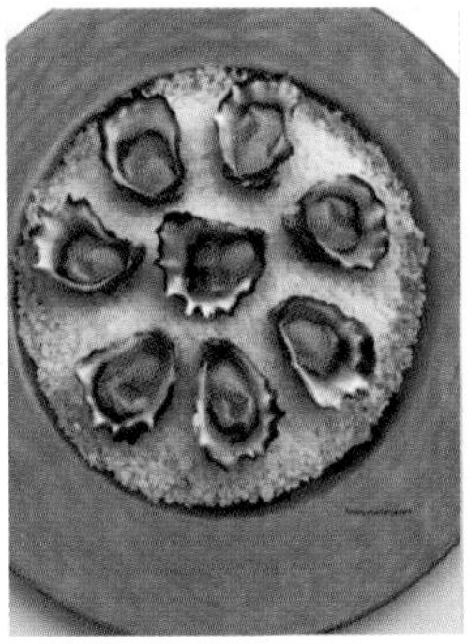

구분	느낌	구도	푸드스타일
대각선	느름한 느낌, 불안한 느낌		
원형	평균된 안정감		
사선	동적 변화, 불완전한 느낌		

CHAPTER 3

FOOD STYLING

음식을 맛있어 보이게 하는 것은 시각적인 예술성이 있어야 한다. 즉, 시각을 통해서 미각 이미지를 갖게 된다는 것이다. 음식의 시각적 아름다움은 그릇의 선택에서부터 그릇 위에 놓인 음식의 크기, 모양, 색 등에 의해서 많은 영향을 받는다. 다시 말해 음식을 먹음직스럽게 보이도록 하는 것은 시각적인 생명을 불어 넣어주면서 새로운 아이디어와 감각을 이용해서 스타일링을 해야 한다.

● Food Styling

001 연 출 Styling

Platter   **Plate**   **Dish**
Bowl   **Pot**   **Casserole**   **Glass**

1) Platter Style: 큰 서빙용 접시

2) Plate Style: 정찬용 둥근 접시

3) Dish Style: 오목한 그릇

4) Bowl Style: 반구형 그릇

5) Pot Style: 작은 종지나 작은 냄비그릇

6) Casserole Style: 오븐에 넣어서 사용하는 그릇

7) Glass Style: 유리컵 종류

쉬어가기

담음새 제안

❶ 음식은 접시의 안쪽에 담는다.

음식을 놓을 만한 충분한 크기의 접시를 선택하고 접시 밖으로 음식이 흘러나오지 않도록 주의하고 음식을 적당량 담는다.

❷ 식사하는 사람의 시선을 고려하여 배치한다.

식사하는 사람이 잘 보이는 부분에 최고의 요리를 담아 요리를 잘 살려야 한다.

❸ 조리법에 따라 그릇을 달리한다.

국물이 있거나 없는 것, 음식이 뜨겁거나 차가운 것에 따라서 그릇을 달리 해야 한다. 때로는 음식의 색감을 표현해야 할 경우 투명한 유리그릇이나 흰색 그릇에 담는다.

❹ 재료가 고루 보이도록 담는다.

여러 가지 재료를 사용한 경우 재료가 골고루 보이도록 담는다.

❺ 국물이 있는 요리는 나중에 조금만 끼얹는다.

국물이 있는 김치나 반찬을 담을 때는 음식을 모두 담고 숟가락을 이용해서 촉촉하게 보일정도만 골고루 위에 끼얹는다. 이때 너무 많은 국물을 담지 않아야 한다.

❻ 장식과 고명은 음식과 어울리는 것으로 한다.

너무 많은 장식과 고명은 오히려 식감을 감소시키게 하므로 음식과 어울리는 것으로 색감의 조화를 고려하여 얹는다.

❼ 재료의 크기와 모양은 통일감 있게 한다.

여러 가지 재료가 혼합될 경우 재료의 크기와 모양을 일정하게 해야 한다.

❶

❷

❸

TORTELLINI OF BRAISED
Tortellini of Braised Veal Shank and Sweetbread with Veal Jus
VEAL SHANK

❹

❺

❻

❼

MEMO

002 장 식Deco

1) 음식 담음새 고려사항

음식을 담을 때 그릇과 음식의 특징, 색, 맛, 영양 등을 모두 고려해서 담아야 한다. 여러 가지 면을 고려해서 음식을 담을 때 식욕촉진 및 음식의 예술성이 함께 상승하여 고부가가치 창출에까지 기여하게 된다.

(1) 색Color

색에는 맛을 느끼게 하는 특성이 있다. 음식의 색을 보고 시식하기도 전에 색만을 보고 그 맛의 느낌을 알 수 있다. 이처럼 색은 음식의 멋스러움 뿐만 아니라 맛까지 느끼게 한다.

(2) 형태Shape

채소를 손질해서 어떻게 자유롭게 사용하느냐에 따라 다른 모양을 나타낸다. 이러한 점을 이용해 접시 위에서 다양한 모습으로 표현할 수 있다.

(3) 크기Size

음식의 적정 크기와 그릇과의 조화를 고려해서 잘 담아야 한다.

(4) 질감Texture

시각적으로 고려되는 부분으로 접시 담기에 있어서 중요한 요소이다.

(5) 향Flavor

음식은 눈으로 가장 먼저 먹지만 두 번째는 향이 될 것이다. 향을 맡아보고 나면 그 음식에 대한 평가는 이미 시작된 것이다.

(6) 균형Balance

영양적인 균형, 식재료의 균형, 색의 균형, 조리방법의 균형, 식재료 모양의 균형, 질감의 균형, 맛의 균형

2) 음식 담음새의 다양함

(1) 그릇에 조금씩 나누어 담기

(2) 음식 아래에 장식하기

(3) 음식 위에 장식하기

(4) 음식 옆에 장식하기

(5) 소스를 뿌려 장식하기

(6) 쌓아서 장식하기

(7) 세워서 장식하기

CHAPTER 4

FOOD THINK

푸드 스타일링을 하기 위해서는 창의
적인 이미지를 구상하여 재구성 할 줄 알아야 한다. 이러한 발상은 디자인에
서 가장 중요한 부분이며 푸드 스타일에서도 많이 활용되고 있다. 자유롭게
표현하면서 창의적인 생각이 사방으로 뻗어나가는 입체적 사고를 표현해야
한다. 예를 들어 토마토가 빨강색이라면 빨강색과 연관되는 것들을 찾아서 새
로운 것을 재창조해야 한다.

● *Food Think*

001 발상_{Genesis}

1) 발상의 개념

　발상이란 창의적인 이미지를 구상하는 것을 의미하며 연상이나 상상을 통해 작품에 대한 아이디어를 내어 선택하고 재구성하는 과정이다. 이미지를 구상한다는 것은 작품의 소재나 주제, 표현 형태, 제작 방법 등에 대한 생각을 눈으로 볼 수 있도록 형상화하는 과정이다. 발상이 어떻게 이루어졌는지에 따라 작품의 미적, 창의적 질도 좌우된다. 이러한 발상은 디자인 과정에서도 핵심이 되는 단계로, 자신이 표현할 이미지를 탐색하고 자신의 상상이나 경험 및 관찰을 통해서 표현할 이미지를 구체화시키는 과정이다.

2) 발상법

(1) 자연적 발상

　자연적 발상은 연상 작용을 통해서 창의적인 상상력을 유발시킴으로서 상징적 이미지를 창조해낸다. 우리가 잊고 있었던 여러 일반적인 이미지를 떠올리기 위해서는 이러한 연상이라는 자극이 주어졌을 때 연상은 뚜렷해진다.

　연상이란 어떤 사물을 보거나 듣거나 생각하거나 할 때 그와 관련 있는 다른 사물이나 일이 머리에 떠오르는 것이다. 기본적으로 개인이 의식하고 있는 지식, 경험, 사상, 희망 또는 기분과 같은 내면적인 요인에 근거하기 때문에 연상에 의해 발생하는 이미지는 개인마다 제각각 다르다.

　상상이라는 것은 연상이나 사고의 과정을 거치면서 창의적인 것으로 정화될 때 우리에게 유용한 것이 될 것이다.

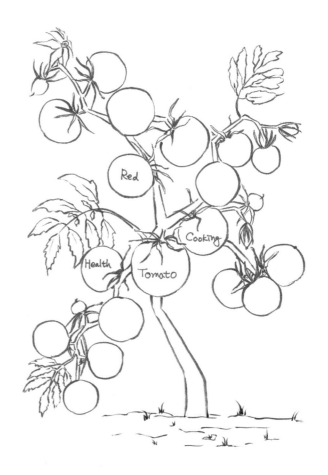

(2) 창의적 발상

발상은 창의적 사고의 기본이자 핵심적 특성으로 디자인에 있어서 푸드 스타일링의 발상과 연관지어 활용도 높은 기법들을 알아보고자 한다.

① 브레인 스토밍Brain Storming

알렉스 오스본(Alex Osbon)에 의해 창안된 것으로 '뇌에 폭풍을 일으키다' 라는 뜻으로 특정한 주제 또는 문제에 대해 두뇌에서 폭풍이 휘몰아 치듯이 생각나는 아이디어를 밖으로 내놓는 것이다. 특히 비판이나 판단을 일단 중지한 상태에서 질을 고려하지 않고 머릿속에 떠오르는 대로 아이디어를 내게 하는 방법이다. 즉 브레인 스토밍법의 네 가지 규칙은 비판을 하지 않고, 자유분방함을 권장하고, 아이디어 양을 추구하며, 결합과 조합을 통해 개선을 통해 좋은 아이디어로 발전시킨다.

② 마인드 맵Mind Map

마인드 맵은 토니 부잔(Tony Buzan)이 개발한 것으로 우리가 보고, 듣고, 읽고, 쓰고, 종합하여, 기억하는 모든 것을 마음속에 지도를 그리듯 자유롭게 표현하는 방법을 의미한다. 즉 자신이 생각하는 중심 주제를 정하여 거미줄과 같은 가지가 사방으로 뻗어나가는 입체적인 사고를 표현하는 방법이며, 가지 하나하나가 단절되지 않고 서로 연결된 그물구조로 기억력 증진과 창의적인 이해까지 가능하게 한다.

또한 마인드 맵은 다양한 디자인이 나올 수 있도록 창의성을 계발하고 사고의 범위를 넓히는데 매우 효과적인 기법이다. 마인드 맵은 두뇌에 저장된 사고를 재생하듯 표현하는 것으로 주제가 나뭇가지처럼 중심 이미지에서 많은 가지들로 뻗어나가게 구성한다. 사람은 하나의 낱말에서 경험과 연산에 의해 무한한 양의 어휘력을 발휘하게 되는데 마인드 맵은 창의성 훈련에서 문제 인식의 과정과 문제 해결을 위한 개선의 아이디어를 찾아가는데 효과적으로 이용될 수 있다.

③ 스캠퍼SCAMPER

스캠퍼는 알렉스 오스본이 제안한 동사 체크리스트를 보완하여 밥 에버르(Bob Eberle)가 고안하였다. 스캠퍼는 아이디어를 얻기 위한 체크리스트법의 하나로 일곱 가지 체크리스트의 첫 글자를 따서 만들어졌다. 이 기법은 특정 대상이나 특정 문제에서 출발해서 일곱 가지 질문을 통해 주어진 대상을 변형시키는 방법이다.

약자	의미	질문
S	대치하기(Substitute)	무엇으로 대치할 것인가?
C	결합하기(Combine)	무엇과 결합할 수 있는가?
A	순응하기(Adapt)	과거의 무엇이 이것과 비슷한가?
M	수정하기(Modify)	색, 모양 등은 어떻게 발꿀 수 있는가?
	확대하기(Magnify)	확대는 어떠한가?
	축소하기(Minify)	작게, 보다 가볍게, 짧게 만들 수 있는 방법은 무엇인가?
P	다른용도(Put to other Use)	다른 용도로 사용할 수 있는가?
E	제거하기(Eliminate)	제거하는 것은 어떠한가?
R	재정리하기(Rearrange)	어떻게 하면 형식, 순서, 구성을 바꿀 수 있는가?
	반대로 하기(Reverse)	반대로 하는 것은 어떠한가?

출처 : 전경원, 창의성 교육의 이론과 실제, 창지사, 2006

(3) 푸드 스타일링의 발상 표현요소

발상에 의해 스타일링의 발전된 모습을 보여주기 위해 이미지 자료들을 수집하고 스케치해서 적합한 이미지를 만들어 시안을 결정하는 과정이 필요하다.

시안이 결정되면 전체 레이아웃을 잡고 스타일링 요소들을 이미지에 맞게 표현한다.

① 점과 선을 이용한 푸드 스타일링 발상표현

점과 선을 이용해서 어떤 이미지를 연상하여 발상전환을 함으로써 새로운 이미지를 표현해 볼 수 있다.

② 색채로 표현하는 푸드 스타일링 발상표현

색채는 우리에게 많은 것을 느끼게 한다. 색을 보는 사람에게 이미지를 전해주며 인간의 감정에도 영향을 줌으로써 색이 주는 특성으로 인해 연상이라는 근거로 발상을 표현할 수 있다.

③ 질감으로 표현하는 푸드 스타일링 발상표현

어떤 대상물을 직접 대하지 않을 경우에도 표현된 느낌만으로 우리 기억 속에서 감각적인 반응이나 촉각적인 감각을 불러일으킬 수 있도록 표현할 수 있다.

④ 연상 이미지로 표현하는 푸드 스타일링 발상표현

연상 이미지로 표현하는 발상은 사물의 특징을 나타낼 수 있으며, 연상된 이미지들이 만나 만들 수 있는 이야깃거리도 만들어본다.

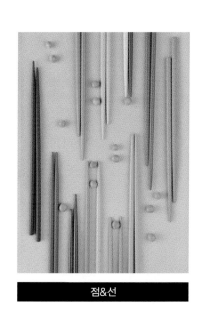

점&선

색채

질감

연상

002 푸드 스타일링의 스타일별 이미지보드

1) 클래식Classic 스타일

영국적 양식미와 격조 높은 이미지로 유행에 관계없으며 고전적이고 위엄과 권위가 중시되는 스타일이다. 중후한 느낌과 고풍스러운 장식품이 주로 사용되며 금이나 은재질의 식기와 촛대, 커트러리 등이 사용된다.

2) 엘레강스Elegance 스타일

프랑스 양식미를 이미지화 한 것으로 고상하고 세련된 성숙한 여성적 이미지이다. 레이스나 자수가 들어간 테이블 클로스나 넵킨 등을 사용한다. 명품의 본차이나 식기를 주로 사용하고 커트러리는 금이나 은재질의 장식이 들어간 것을 사용한다.

3) 로맨틱_{Romantic} 스타일

부드럽고 달콤하며 사랑스럽고 소녀 같은 여성적 이미지이다. 부드러운 느낌의 소품을 사용하고 비즈 등의 소품이나 핑크계열의 색상을 사용한다. 가볍고 귀여운 예쁜 식기와 커트러리를 사용한다.

4) 캐주얼_{Casual} 스타일

특별한 양식이나 모양에 구애 받지 않고 발랄하고 젊음과 활동성, 경쾌함을 표현하는 이미지이다. 원색의 화려한 식기나, 커트러리 등을 사용하거나 체크 무늬나 스트라이프 무늬의 테이블 클로스나 넵킨을 사용한다.

5) 모던Modern 스타일

현대적이고 정형화된 스타일을 거부하는 심플한 이미지이다. 도회적이고, 기계적이며, 차갑고 단단한 느낌의 스테인리스, 아크릴, 유리, 고무, 가죽, 금속 등의 소품을 이용한다.

6) 네추럴Natural 스타일

자연현상에 따른 형태로 편안한 느낌의 이미지이다. 자연을 소재로 한 흙, 돌, 나무 등을 이용하며 화려하지 않은 식기와 나무 질감의 식기와 커트러리 등을 이용한다. 나무 질감이 그대로 드러나도록 테이블 클로스를 사용하지 않는 경우도 있다.

7) 에스닉Ethnic 스타일

민족적이고 민속적이며 종교적 상징 등을 표현하는 이미지이다. 원시자연으로 회귀하고자 하는 인간의 욕구를 충족시키자는 의미로 아프리카 스타일, 동남아 스타일, 남미 스타일 등이 있다. 투박하고 거친 느낌이며 민족 고유의 염색, 자수, 무늬, 장식품 등을 사용한다. 각 나라에 자생하는 자연소재나 토속적 소품, 특산물로 장식한다.

CHAPTER 5

FOOD STYLE WORK

일반적으로 푸드 스타일링 하면 잡지나 요리책을 생각하기 쉽다. 푸드 스타일링 분야가 어떻게 나뉘며, 푸드 스타일링이라는 작업을 통해서 과연 어떤 결과물을 만들어 낼 수 있는지 알아보려고 한다. 분야에 맞게 대응하는 능력을 키우기 위해서는 분야별 차이점을 숙지하고, 어떻게 작업들이 이루어지는지 전문가가 되기 위해서는 각 분야의 특징을 알아야 할 필요가 있다. "오늘날엔 무엇을 먹을 것인가"라기 보다는 "무엇을 어떻게 어디서 먹을 것인가"가 기준이 되어가고 있다. 이러한 대중의 심리를 이해하고 업체와 분야에 맞는 스타일링의 컨셉을 이해하고 작업할 수 있도록 한다.

Food Style Work

001 인쇄매체에서 푸드 스타일링

인쇄매체는 인쇄미디어라고도 하며 매체 자체가 보존되는 경우가 많아서 되풀이하여 보는 이점이 있고, 기억효과가 높아 설득력도 높은 장점이 있다. 컬러 인쇄의 발달에 따라 시각효과가 진보하여 한층 더 큰 소구력(訴求力)을 가지고 있다.

외식업체들의 판매촉진 활동의 수단으로 다양한 매체와 도구들이 활용되고 있는 가운데 인쇄상에서의 시각적인 전달은 소비자의 반응과 상품선택에 있어서 직접적인 영향을 미치게 된다. 인쇄물이 완성되었을 때 글자의 삽입되어 디자인된다는 모습을 고려하여 거기에 맞게 여백을 두고 스타일링한다.

1) 지면광고

지면광고란 지면(紙面)광고 즉 종이에 인쇄 혹은 그려진 광고를 말하며, 푸드 스타일리스트는 지면광고 시 고객의 필요(needs)에 맞추어 제품의 특성과 이미지를 최대한 살려서 그 제품을 연출하여야 한다. 제품 연출 시 인위적으로 과도하게 스타일링하는 것은 제품의 질을 오히려 낮출 수 있으므로 주의해야 한다.

(1) 패키지Package

물건을 보호하거나 수송하기 위한 포장 용기. '묶음', '짐', '포장'으로 순화시키는 과정으로 패키지에서 스타일링은 패키지 디자인에 있어 들어갈 요리사진을 연출하는 것이다.

백설

오뚜기

CJ

(2) 메뉴판Menu-Book

메뉴는 우리말로 차림표, 식단이라고 하며, 메뉴북은 외식업소에서 일반적인 운영사항을 알리는 정보제공 역할과 외식업소의 목표, 철학 등을 나타낼 수 있는 상징물이기도 하다. 업소에 맞는 디자인 선택으로 독창성을 높이고 업소의 이미지를 표현할 수 있도록 스타일링이 되어야 한다.

스피드 팬더

밀러타임

평창의 아침

(3) 포스터Poster

종이에 인쇄되어 시각적인 전달을 목적으로 메시지를 전달하는 목적이 있는 선전 인쇄물로 매장에서 벽이나 윈도우 등을 이용하여 제품을 알리는데 이용된다. 포스터는 한번만 보아도 이해되고 대중의 주의를 집중시킬 수 있는 강한 시각적 인상이 요구되며, 논리적인 설명보다는 감각적인 인상적인 방법으로 스타일링 되어야 한다.

피자에땅

스피드 팬더

오븐에 빠진 닭

(4) 카달로그Catalogue

상품목록 또는 영업안내 소책자를 가리키는 것으로 상품을 구매할 것이 예상되는 손님에게 상품의 기능이나 특징, 가격, 디자인 등을 사진이나 그림을 넣어 알기 쉽게 설명하고 또 구입상 참고가 될 만한 사항을 나타내 보이는 것이다. 오늘날 박람회, 전시회 등 이벤트가 많아짐에 따라 각 기업의 판매전략 을 위한 도구로서 카달로그의 매체가치가 새롭게 인식되고 있다.

| 목우촌 | 홈플러스 | 홈플러스 |

(5) 기타(가이드북, 신문)

① 요리책

요리책은 단순히 푸드 스타일링 작업뿐만 아니라 기획, 편집, 레시피 작업 업무도 소화해 낼 수 있는 능력을 길러야 한다. 비주얼(visual)적인 부분뿐만 아니라 정확한 레시피와 완성 컷으로 정확한 정보를 전달 능력을 수행할 수 있어야 한다.

② 잡지 & 사보

잡지는 아이템 선정이 중요한 부분으로 기획부터 섭외, 시안, 스타일링 준비 및 촬영, 디자인, 인쇄 순으로 진행되는데, 스타일리스트가 관여하는 부분은 시안, 스타일링 준비, 촬영이 보통이며, 간혹 기획단계에 관여하는 경우도 있다. 잡지의 경우에 스타일링 소품 준비 시 협찬을 받는 경우가 생기곤 하는데, 이땐 공문서 발행부터 소품을 픽업하는 과정과 촬영 후 마무리 단계를 거쳐야하는 경우가 발생되기도 한다. 회사 내의 잡지이기도 한 사보는 요즘 회사 사보에 요리와 테이블세팅 등이 들어가는 경우가 많다. 이때도 잡지와 마찬가지로 스타일리스트가 관여하는 부분은 시안, 스타일링 준비 및 촬영 등이며, 기획에 관여하는 경우는 거의 없다.

베이비 잡지

자이 사외보

신세계 사외보

002 전시공간에서의 푸드 스타일링

　　전시란 여러 가지 물품을 한 곳에 벌여 놓고 보여주는 것을 말하며, 이를 통해서 상품이 알려짐과 동시에 경제효과를 높일 수 있다. 특히, 한 장소에 여러 개의 단체나 업체들이 모여 관람객들에게 각자 자신의 제품이나 서비스, 정책 등에 대한 정보를 펼쳐 보이는 행사를 전시회라 한다. 이 전시회는 현대 산업사회에 들어서 매우 활성화된 행사로서 이를 통해 각 기업이나 단체들은 새로운 상품을 알리거나 정보를 나누는 교류의 장으로 활용하고 있다. 전시 공간이란 이러한 전시회가 열리는 공간으로 대개 다음과 같은 장소에 전시 기획되어 마련되는 공간을 말한다.

전시회 연출

003 영상 매체에서 푸드 스타일링

1) TV홈쇼핑

　　식품관련 상품 프로그램에서도 푸드 스타일리스트의 역할이 요구된다. 홈쇼핑에서 스타일리스트는 홈쇼핑에 소속된 경우와 업체를 통해서 일하는 경우가 있으며, 여기에서는 각 회사의 제품의 특성을 파악해서 제품의 장점을 알릴 수 있는 역할이 중요하다.

농수산 홈쇼핑 촬영

2) CF

CF는 광고(commercial film)를 의미하며, 고객에게 상품에 대한 충분한 정보를 제공함으로써 상품의 판매를 촉진하는데 있다. 제품 이미지 하나가 제품 전체매출을 좌우하는 중요한 작업으로 여기서 푸드 코디네이터의 역할은 상품 구매력을 유도할 수 있게 음식을 먹음직스럽게 연출하는 스킬(skill)을 가지고 있어야 한다. 다른 어떤 작업보다도 디테일함을 필요로 한다. 실제 보이는 음식은 몇 초에 불과하지만 그 결과를 얻기 위해서는 하루가 꼬박 걸리기도 한다.

모든 촬영에서도 마찬가지 이지만 제품촬영에 앞서 제품과 CF의 정확한 의도를 파악하고 준비한다. 시안 후 사전에 연출할 음식을 직접 시연해 봄으로써 현장에서 작업 노하우(Know-how)를 미리 파악하는 것도 중요하다.

도미노 트리플 피자 씨즐(sizzle)

CHAPTER 6

FOOD STYLE PRACTICE

실전에 강한 스타일리스트가 되기 위해선 현장 경험을 통해서 알아가는 것이 가장 중요하다. 하지만 현실적으로 모든 것을 단시간에 알기란 쉬운 일이 아니다. 이를 간접적으로 경험할 수 있도록 현장에서의 know-how를 알려준다. 스타일링이라는 것은 시대의 흐름이 반영되기도 하는 만큼 변화에 민감하기도 하다. 컨셉에 맞는 능률적인 스타일링을 연출하고자 기능적 역할을 스스로가 할 수 있도록 훈련해야 한다.

Food Style Practice

001 푸드 스타일 실제|Practice

1) 잡지에서 푸드 스타일링 과정

인쇄 매체에서 푸드 스타일링의 진행 과정은 거의 비슷하다. 그 과정은 기획회의, 컨셉 도출, 섭외, 시안 상의, 구성자료 수집(최종시안), 식재료 및 소품준비, 촬영(조리 및 스타일링), 원고작성, 편집 및 디자인, 인쇄, 책의 배표 및 판매, 상품의 판매 등의 과정을 거친다.

발행인, 에디터 또는 광고주들과 함께 기획회의에서 컨셉이 정해지고, 정해진 컨셉을 어떻게 구성하고, 연출할 것인지가 정해지면, 컨셉을 연출할 인원을 사전에 섭외(포토그래퍼, 푸드 스타일리스트, 요

〈그림 6-1〉 푸드 스타일리스트의 인쇄 매체에서의 작업 과정

기획회의	발행인, 에디터, 광고주들과 함께 콘셉트와 발행의도 설정
관심도 도출	주제 결정, 주제에 따른 아이템에 대한 자료 준비
섭외	포토그래퍼, 요리연구가, 푸드 스타일리스트, 그래픽 디자이너, 푸드라이터 등 필요한 인원을 사전에 섭외
시안 상의	정해진 주제를 어떻게 구성하고 연출할 것인지의 방향이 편집부에서 결정되면, 푸드 스타일리스트, 편집자(editer)가 함께 시각적인 방향과 레이아웃을 결정하고 시안 상의
구성자료수집 최종시안	촬영의뢰서와 최종 확정된 콘셉트에 맞는 시안 및 메뉴리스트를 서로 주고 받아 최종 점검
식자재 소품준비	푸드 스타일리스트는 촬영에 필요한 식재료와 소품을 철저히 준비
조리 스타일링 촬영	색감을 살려 조리하고 디자인을 생각하며 스타일링하고 촬영
원고작성	아이템에 따른 내용의 원고작업과 레시피 등을 작성
편집 및 디자인	촬영 후 레시피 원고정리 및 편집, 표준단위 사용, 식품재료학적 측면과 함께 영양학적 측면 고려, 디자인은 레이아웃을 확인하고 매킨토시 Quark express 프로그램을 이용해 편집으로 수정, 디자인에 따라 사진크기 정하여 필름 스캐닝 드럼스캔 과정거침
인쇄	디자인을 마친 파일을 출력소로 넘겨 출력한 후 필름상태에서 인쇄소로 보내어 인쇄 및 제본

출처 : 박은희, 푸드 스타일리스트의 역할과 기능에 관한 연구, 숙명여자대학교. 석사학위논문, 2007

리연구가 등)하고, 섭외한 전문가와 시안 상의를 통하여 연출 방향을 결정한다. 푸드 스타일리스트는 촬영 의뢰서와 마지막으로 결정된 컨셉에 맞는 시안 및 메뉴 리스트, 촬영 날짜, 촬영 장소를 확인한 다음, 촬영에 필요한 식재료와 소품을 철저히 준비한다. 촬영을 할 때에는 색감을 살려 조리하고, 스타일링하고, 에디터(기자)와 포토그래퍼와 디자인을 생각하며 촬영한다. 촬영을 마친 후 메뉴에 대한 원고 (레시피)를 정리하여 에디터에게 작성하여 준다. 원고 작성 시 레시피에 맞는 표준 단위를 사용하여 써 주어야 한다(예. 1인분, 큰술, 작은술, g, cm 등).

여기까지가 푸드 스타일리스트가 해야 할 일들이다. 편집 및 디자인과 인쇄는 발행인과 출판사가 해야 되는 부분이다. 인쇄 매체 촬영은 이러한 준비 과정을 통해 진행하고 교정 작업을 거쳐 음식관련 잡지나 요리책 등을 제작하게 된다.

〈그림 6-2〉 푸드 스타일의 실제 프로세스

푸드스타일 촬영의 제작 내용

기획회의	준비작업	실제작업	work out
-주요 참여부 제작부/편집부 **-내용** 콘셉트 도출/ 이미지구성 콘셉트에 따른 내용구성 	**-주요 참여부** 제작부/편집부 **-내용** -촬영관계자 섭외: 푸드 스타일리스트/사진기자/요리전문가 -시안작업, 구성자료 수집 -협력사 선정 -소품 등의 촬영을 위한 제반준비 **-정보분석** Target/Concept/Color Styling/Image **-스타일링 계획** -기획/구상 용도(광고용, 출판물) -콘셉트 전통적, 계절감 -시안준비 자료수집, 스케치 -카메라 종류, 각도, 렌즈선택 -메뉴 메뉴종류, 레시피 -식기, 소품준비	**-주요 참여부** 편집부/제작부/푸드 스타일리스트/사진기자 **-내용** 목적에 맞는 비주얼 작업 각 분야 전문가와의 팀워크 조성 	**-주요 참여부** 편집부/제작부 디자인부/광고부/영업부 **-내용** 독자, 광고주에게 촬영 의도의 적절한 표현여부 조사 **-소재** 길거리 토스트 **-소품** 엔틱 의자 오래된 가방 **-그릇** 무쇠 프라이팬 엔틱 접시 **-바닥** 시멘트 바닥 **-냅킨** 빈티지 스타일 냅킨

출처 : 박은희, 푸드 스타일리스트의 역할과 기능에 관한 연구, 숙명여자대학교. 석사학위논문, 2007

2) 잡지나 요리책에서 자주 다루는 주제들

아이템(item)	종류
계절 (season item)	봄(두릅, 돌나물), 여름(수박 화채, 냉면), 가을(송편, 밤, 대추), 겨울(김장, 크리스마스 만찬), 시절식 등
식재료(ingredient item)	곡류, 감자, 고구마, 래디쉬, 방울토마토, 와인, 치즈, 커피, 파스타, 허브와 스파이스 등
트랜드(trend item)	건강음식(well-being food), 올리브유(olive oil), 유기농 식품(organic food), 칼라 푸드(color food), 키즈푸드, 민족성 음식(ethnic food) 등
식문화 (food culture item)	태국의 똠양꿍 , 인도의 카레, 멕시코의 또띠아, 이탈리아의 파스타, 한국의 김치와 불고기, 일본의 생선초밥 등
영양학적(nutrition item)	식요법, 다이어트식, 균형식(balanced diet), 스테미나식, 비타민, 블랙푸드(검정콩, 검정두부), 레드푸드(토마토, 석류), 화이트푸드(마늘), 스포츠 음료(포카리스웨트)
테이블 세팅 (table setting)	테이블 소품(클로스, 매트, 컷트러리, 냅킨, 네임카드), 손님 초대상 차림 등
조리방법 (cooking method)	끓이기(boiling), 데치기(blanching), 찜(steaming), 굽기(baking), 그릴링(grilling), 튀기기(frying) 등
도구 (utensil item)	칼, 온도계, 계량 컵, 계량스푼, 치즈 크레이터, 필러, 제스터 등

제철재료와 음식

구분	1월	2월	3월	4월	5월	6월
채소	야콘,콜라비, 양배추, 아스파라거스	원추리,참나물,봄동	골파,죽순,풋마늘,냉이,달래,취,돌나물	마늘쫑,미나리,시금치,쑥갓,양파,완두,고비,고사리,더덕,파프리카,두릅,머위,쑥	근대,들깻잎,부추,상추,송이버섯,아욱,열무,시금치,피망	통마늘,강낭콩,무,오이,풋고추,호박,비름
해산물	게,가오리,감성돔,명태,정어리,광어,청어	대구,해삼,아귀,꼬막,미더덕	대합,숭어,조기,청어,주꾸미,한치	가자미,꽃게,백합,키조개,피조개,바지락,황석어,병어,조기,톳,미더덕	넙치,민어,삼치,뱅어,생멸치,대게,소라,멍게	전복,고동,도미,농어,준치
과일	금귤			딸기	매실	살구,앵두,참외,오디,토마토
저장 발효	무간장장아찌 명란젓,창란젓,아가미젓 동태/대구/민어 건조 담북장	굴비 건조 나박김치 간장,된장	육포 꼴뚜기젓,밴댕이젓 돌나물김치,쪽파김치 고추장	마늘쫑/더덕/도라지/참죽 장아찌 조개젓,까나리젓,대합젓 취/고사리/참죽나무순/쑥건조 햇깍뚜기,햇배추김치 막장	꽃게장,마늘장아찌 멸치젓 굴비,고사리,도라지 건조 얼갈이김치	매실/풋고추/깻잎/양파 장아찌 새우젓,갈치젓,전복젓 부추김치
시절 음식	설날 떡국,만두,편육,전유어,육회,느름적,떡찜,잡채,배추김치,장김치,약식,정과,강정,식혜,수정과	대보름 오곡밥,김구이,유밀과,원소병,부럼,나박김치 중화절 약주,생실과(밤,대추,건시),포(육포,어포),노비송편,유밀과	삼짇날 약주,생실과(밤,대추,건시),포(육포,어포),절편,화전,조기면,탕평채,화면,진달래화채	초파일 느티떡,쑥떡,양색주악,생실과,화채(가련수정과,순채,책면),웅어회,도미회,미나리강회,도미찜	단오 증편,수리취떡,생실과,앵두편,앵두화채,제호탕,준치만두,준칫국	유두 편수,깻국,어선,어채,구절판,밀쌈,생실과,화전(봉선화,감꽃잎,맨드라미),복분자,보리수단,떡수단

구분	7월	8월	9월	10월	11월	12월
채소	가지,애호박,감자,생강,옥수수,단호박	노각,고구마,브로콜리	아주까리,토란,콩,도라지,느타리송이,송이버섯,표고버섯,홍고추,고들빼기	배추,시금치,무,늙은호박,마,순무	미나리,갓,파,당근,연근,우엉	산마,움파,브로콜리,콜리플라워,앤다이브
해산물	뱀장어,갈치,우럭,오징어,성게,갑오징어,병어	해파리,전갱이	연어,꽃게,대하,대합,해파리,낙지,전어파래	도루묵,방어,고등어,삼치,감성돔,꽁치,홍합 김,청각	도미,다랑어,정어리,참돔,임연수,넙치,복어,대게 다시마,톳,미역	양미리,홍어,문어,병어,옥돔 매생이
과일	버찌,복숭아,자두,산딸기,메론,수박,토마토,아오리	포도	사과,배,무화과,대추,석류	밤,모과,감,유자	밀감,키위	
저장발효	오이지, 김 장아찌 오징어젓,곤쟁이젓 풋고추김치,열무김치 과일식초	깻잎/가지/오이/참외 장아찌 애호박/가지 건조 오이소박이 복숭아병조림,포도주	감 장아찌 박,버섯,고구마순,고춧잎,호박,무,아주까리 건조 고들빼기김치,깻잎김치 국화주,머루주,인삼주	고춧잎, 가지, 우엉 장아찌 참게장,토하젓,가자미식해 토란대,버섯,김,곶감 건조 석박지,총각김치,순무김치	무,묵장아찌 대구모젓 귤/모과/생강/유자청 무,무청 건조 콩잎김치,갓김치,보쌈김치	늙은호박고지 어리굴젓,뱅어젓,동태식해 통배추김치,동치미,백김치,각두기 청국장
시절음식	칠석 깨찰편,밀설기,주악,규아상,흰떡국,깻국탕,영계찜,어채,생실과(참외),열무김치	삼복 육개장,잉어구이,오이소박이,증편,복숭아화채,구장,복죽	한가위 토란탕, 가리찜(닭찜),송이산적,잡채,햅쌀밥,나물,생실과,송편,밤단자,배화채,배숙	중양절 감국전,밤단자,화채(유자, 배),생실과,국화주	무오일 무시루떡,감국전,무오병,유자화채,생실과	동지 팥죽,동치미,생실과,경단,식혜,수정과,전약

자료참고 : 조선왕조궁중음식(궁중음식연구원), 한국의 맛(대한교과서)

3) 푸드 스타일링에서 시안과 스케치

시안이란 시험적으로 만든 도안(圖案)을 일컫는다. 클라이언트나 에디터가 정해진 주제를 구성하고 연출할 것인지에 대한 방향을 푸드 스타일리스트, 디자이너, 편집자가 함께 참여하여 푸드 촬영 이미지에 대한 시각적인 방향과 레이아웃을 결정하고 시안을 상의한다. 푸드 스타일리스트는 푸드 촬영 이미지에 맞게 연출할 음식에 대한 시안을 마련을 위해 자신이 갖고 있는 푸드 이미지 자료들을 정리하여 시안 상의에 임하는 태도를 갖는 것이 좋다.

시안 이미지

스케치 시안

촬영 결과물

4) 푸드 스타일에서 레이아웃 lay-out

레이아웃은 진열, 배치, 늘어놓는다는 뜻으로 시각전달의 목적을 달성하기 위해 사진, 문자, 일러스트레이션. 기호 로고 등의 시각 요소를 일정한 공간 내에서 효과적으로 보기 좋게 구성하거나 배열하는 것이다. 푸드 스타일링을 할 때에는 나중에 디자인 할 공간을 고려하여 기자와 포토그래퍼와 상의하여 여백을 두고 목적에 맞게 스타일링을 해야 한다.

레이아웃	사진, 문자, 기호, 로고

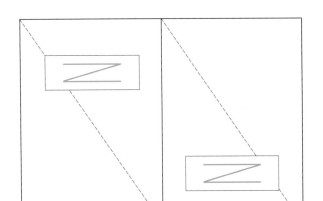

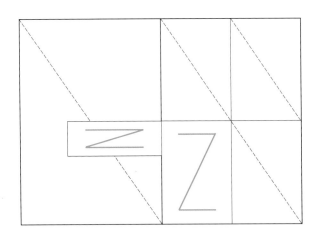

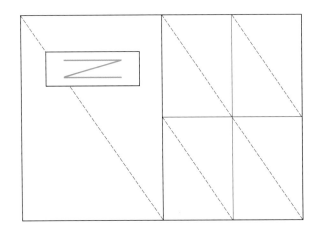

002 푸드 스타일 촬영

1) 카메라 앵글에 따른 푸드 스타일링

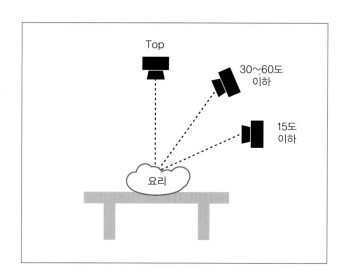

(1) 수평 눈높이 15도(Eye Level)

자연스럽게 사선으로 내려다보는 느낌의 연출을 한다. 즉 물체와 같은 눈높이에서 촬영을 하는 것이다. 카메라 앵글이 낮기 때문에 뒷배경이 필요하다.

수평 or 15도

수평 or 15도

수평 or 15도

(2) 30~60도 앵글

이 각도에서 찍는 연출법은 공간감과 표현하기가 좋고, 배경처리와 심도 조절이 유리하다.

30~60도 앵글

30~60도 앵글

30~60도 앵글

(3) 90도 앵글

90도 각도에서의 카메라 앵글의 연출법은 음식의 모양새를 보여주기 위해서나 디자인적인 연출을 스타일링하게 보여주기 위해 위에서 내려다보는 형태의 연출법이다.

90도 앵글

90도 앵글

90도 앵글

2) 푸드 스타일링 촬영 할 때의 노하우

befor	after

1. 요리 촬영은 레시피대로 오븐에 구워서 사용하는 것보다는 토치를 이용해 구워서 형태와 색상을 유지해 식감을 살려준다.

2. 요리촬영에 사용하는 식재료 크기는 실제 요리에 사용되는 크기보다 작은 것으로 촬영하는 경우가 많다.

3. 평면적인 요리일지라도 입체감을 줄 수 있도록 담아서 촬영한다.

befor	after

4. 요리의 생동감을 주기 위하여 물 스프레이나 기
   름 붓을 이용하는데 요리 세팅이 완료된 후 촬영
   을 하기 직전에 이용한다.

5. 레서피에 있는 식재료를 이용해 다양한 데코레이
   션을 할 수 있다.

6. 요리에 사용되는 식재료를 요리 옆에 소품으로
   놓아줌으로써 어떠한 요리인지를 명확하게 전달
   할 수 있다.

befor	after

7. 가장 앞쪽에 놓이는 소품은 작은 크기로 놓아 크기에 있어서 요리와의 균형을 맞춰준다.

8. 국물 있는 요리는 미리 넣게 되면 가라앉거나 굳어지게 되므로 촬영 직전에 부어 주어서 이를 방지한다.

9. 소품 사용에 있어 요리와 소품의 높이 차이가 너무 나게 되면 소품이 앵글 밖으로 벗어나서 균형이 맞지 않을 수 있다.

befor	after

10. 요리를 담을 때는 카메라에서 보이는 방향은 자연스럽고, 생동감 있게 연출하지만 보이지 않는 부분은 세심하게 연출하지 않아도 된다.

11. 배경으로 사용하는 천이나 냅킨은 다리미로 다려서 구김을 없앤 후 촬영한다.

12. 사진의 각도에 따라 음식이 담기는 위치는 달라진다. 즉 앵글 상에서 음식이 가운데로 온 것처럼 보이기 위해 가니쉬를 조금 앞쪽에 놓아 준다.

befor	after

13. 연출할 사진에 글이 들어갈 경우에는 글이 들어갈 여백을 생각하여 스타일링을 해 주어야한다.

MEMO

3) 푸드 촬영 이미지 유형~Type~

푸드 스타일링 작업을 할 때 중요한 것은 스타일링 작업 결과로 나온 이미지를 어떤 용도로 사용할지, 그리고 연출된 이미지가 거기에 부합하는지에 대한 것이다.

(1) 단품 촬영(누끼)

'누끼' 란 원하는 부분만을 오려서 사용할 용도로 촬영하는 것을 말하며, 대개 제품의 포장지(패키지)나 잡지에서 단품으로 찍은 사진을 원하는 부분만을 디자인 상에서 오려내어 다른 배경 이미지 사진에 합성하여 사용한다.

누끼 촬영의 경우 그릇이나 배경은 최대한 단순한 것을 사용하여 최대한 단품의 음식이나 재료가 돋보이도록 하고, 음식 이외에는 신경을 쓰지 않는다. 그래서 단품(누끼)을 찍는 배경은 흰색이나 회색을 많이 사용한다. 사진에서 그릇이나 음식만을 따내어(누끼) 합성용으로 메뉴판, 카탈로그, 홈페이지 등에 많이 사용한다.

(2) 이미지 촬영

이미지 촬영은 음식이 갖고 있는 특성 뿐 아니라 배경, 소품 등 사진 전체를 스타일링하여 촬영을 하며, 레이아웃에 중점을 둔다. 컨셉에 맞는 배경과 음식과 소품을 어떻게 배치하여 구성할 것인지를 세세히 고려하고 준비하여 스타일링 해야 하며, 촬영 시간이 많이 걸린다. 음식이 주가 되지만 전체적인 분위기와 레이아웃이 중요시되기도 한다.

피자에땅

주 제	내 용
배경(베다)	푸드 스타일링 시 조리된 음식의 바닥을 말한다. 배경으로는 천, 종이, 벽지, 나무, 타일, 가죽, 유리, 아크릴 등 주변에 있는 모든 것이 배경이 될 수 있다.
속표지(도비라)	(책의) 속표지, 안 겉장을 말하는 것으로 Title Page(표지 제목), 책의 표제, 글쓴이 이름, 출판사 이름을 넣는 페이지를 말한다. 전체적인 내용을 알 수 있는 함축적인 의미가 있는 이미지 표지이다.
스프레드(히라끼)	요리가 2page를 차지하면서 연결된 사진으로 스프레드(spread)라고도 한다.
배경삭제(누끼)	원하는 개체만을 오려서 선택하는 작업으로 다른 배경위에 얹어서 연출하고자 할 때 사용되는 촬영이다. 일반적으로 흰색 배경을 이용한다.
과정 컷	요리가 만들어지는 순서를 보여주고자 할 때 이용되는 컷이다.
포인트 컷	요리의 과정, 순서 가운데 가장 중요한 부분만을 찍는 컷이다.
레이아웃(Lay-Out)	인쇄될 종이 위에 사진, 문자, 일러스트, 기호 등을 보기 좋게 구성하거나 배열하는 것을 말한다.
시즐(Sizzle)	"지글지글" 소리는 내는 의성어로 음식에서 나는 고유의 맛있는 소리와 질감을 비주얼로 표현해 주는 것을 시즐이라고 한다.
시안(Draft Proposal)	시험으로 또는 임시로 만든 계획이나 의견을 말하는 의미로 스타일링 촬영 전 원하는 느낌을 설명하기 위한 시각적 자료를 말한다.

〈표 6-1〉 잡지 촬영 시 자주 사용하는 용어

003 푸드 스타일링에 쓰이는 배경의 종류

1) 다양한 배경의 패턴Pattern

Plain

Dot

Stripe

Check

Geometry

Flower

2) 다양한 종류의 배경

Paper

Wood

Stone

Tile

Iron

Natural

푸드 스타일링에 도움이 되는 국외 잡지와 사이트

쉬어가기

잡지명	특 징	사이트
Donna Hay(호주)	월간지. 도나 헤이라는 푸드 스타일리스트가 발행하는 요리 전문 잡지. 요리과 스타일링이 매우 감각적이다.	http://www.donnahay.com.au/
Martha Stewart Living(미국)	월간지. 마사 스튜어트라는 푸드 스타일리스트가 발행하는 토탈 코디네이션 생활잡지. 스타일링과 아이디어, 색감이 뛰어나다. Baby / Kids / Cooking / Wedding 등 다양한 잡지를 발행하고 있다	http://www.marthastewart.com/
Living at Home (독일)	월간지. 테이블 데코, 리빙, 음식. 가든 등이 소개 되어 있으며, 색감이 아주 강하다.	http://www.livingathome.de/
Gourmet Traveller(호주)	월간지. 요리정보 여행 잡지로 다양한 요리와 정보가 실려 있다.	http://gourmettraveller.com.au/
Vogue Entertaining Traveller(호주)	격월간지. 잡지의 구성과 기획, 스타일링이 뛰어난 요리 전문 잡지이다.	http://www.vogue.com.au/vogue+magazine/vogue+entertaining+travel/
Delicious(호주)	월간지. 쉐프 중심의 요리가 많은 요리 전문 잡지이다.	http://www.taste.com.au/delicious/
Real Simple(미국)	월간지. 리빙위주로 색감과 아이디어가 좋고 트랜드 반영속도가 빠른 라이프 스타일링 잡지이다.	http://www.realsimple.com/
ELLE Decoration (독일)	월간지. 테이블 데코. 리빙. 토탈 데코레이션을 다룬 잡지이다.	
사이트	Topicphoto.com, stockfood.com, photocuisine.com, photolibrary.com, nordljus.co.uk, beatricepeltre.com Etc	

잡지 표지 사진들

004 푸드 스타일링에 필요한 도구들 Tools

구분		종류
기본도구		가방, 앞치마, 기본 배경천, 다리미, 분무기
연출도구	막대형 도구	빨대, 이쑤시개, 산적꽂이, 고기전용꽂이, 면봉 등
	측정용 도구	계량컵, 계량스푼, 타이머, 온도측정계 등
	나이프	작은칼, 작은가위, 스쿠프, 제스터, 필러, 스패튤러 등
	미세연출 도구	핀셋, 옷핀, 실, 바늘, 스포이드, 주사기, 깔대기, 작은체, 토치, 에어브러시, 페이스트리 백과, 팁, 붓, 낚시줄 등
액체도구		식용유, 물엿, 커피, 간장, 캐러멜소스, 베이비오일, 젤라틴, 푸드컬러 등
특수도구		인조 서리, 인조 얼음, 인조 얼음 알갱이, 인조 크리스털 얼음, 인조 거품, 인조 연기, 인조 물방울, 인조 아이스크림, 순간 접착제, 특수접착제, 반사방지 스프레이 등
기타		펜, 연필, 메모지, 테이프, 집게 등

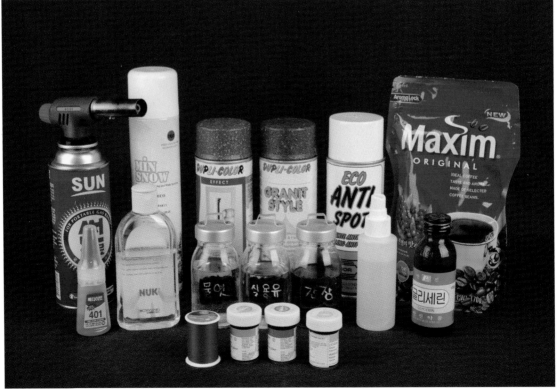

산적꽂이

실핀

면봉

실

작은 가위

주사기

순간 접착제	작은 체

제스터	핀셋

필러	푸드컬러

붓, 커피

스쿠프

간장

토치

베이비오일

물엿

그릴용 쇠막대

아이스크림 만들기

재료 : 슈가파우더 300g, 달걀 1개, 민트 잎

〈만드는 법〉

1. 믹싱볼 2개를 준비해 달걀 노른자와 흰자를 분리한다.

2. 슈가파우더를 150g 씩 넣고 잘 섞어 흰색 아이스크림과 노란색 아이스크림을 만든다.

3. 스쿠프로 아이스크림의 둥근 모양을 만들어 그릇에 담아낸다.

4. 민트잎과 베리 종류로 장식을 해준다.

CHAPTER 7

FOOD COOK

푸드 스타일리스트에게 있어서

음식을 아름답고 맛있게 보이도록 연출한다는 의미는 시각을 통해 미각을 전달해야 하기 때문이다. 그러므로 푸드 스타일리스트가 음식에 아름다움을 입히고 시각적 이미지를 공감각적으로 연출하기 위해서는 음식이 조리되는 과정의 실제적인 측면에 대한 폭넓은 이해와 경험이 필요하다.

이는 푸드 스타일리스트가 현장에서 일어나는 다양한 상황에 보다 능동적이고 완성도가 있는 스타일링을 하는데 있어서 매우 중요한 역할을 하기 때문이다. 따라서 푸드 스타일리스트는 식재료에 대한 정보와 다양한 자르는 방법, 조리방법에 대한 충분한 경험과 지식을 기본적으로 갖추어야 한다.

이 장에서는 푸드 스타일리스트가 갖추어야 하는 조리에 필요한 3가지 기능에 대해 알아보고자 한다.

첫째, 식재료에 대한 모든 것을 알고 있어야 한다(Ingredient). 식재료별 명칭과 영문명, 특색 등을 알고 있어야 하며 글로벌화 된 요즘에는 각 나라별 식재료를 식별하고 이를 통하여 실질적 음식문화를 이해하여야 한다.

둘째, 다양한 자르는 방법을 알고 있어야 한다(Cutting Method). Cutting의 목적은 불필요한 부분의 제거와 요리의 소재와 용도에 따라 자르는 방법을 다양하게 응용하는 것이며, 어떤 모양으로 바꾸느냐에 따라서 음식의 조형적 가치가 달라지므로 자를 때에는 식재료의 특성을 파악하여야 한다.

셋째, 다양한 조리방법에 대하여 알고 있어야 한다(Cooking Method). 조리방법은 식재료와 음식의 종류에 따라 매우 다양하게 활용할 수 있다. 어떠한 방법으로 조리하느냐에 따라 식재료의 조직감(texture) 즉, 물성의 차이가 다르게 나타나며, 스타일링의 컨셉에 영향을 미칠 수 있기 때문이다.

Food Cook

001 식재료에 대한 모든 것을 알고 있어야 한다.

식품군			주요 작품
농산식품	곡류 (Grains)		쌀(Rice), 밀(Wheat), 보리(Barley), 메밀(Buck Wheat), 기장(Millet), 옥수수(Corn), 율무(Joe's Tear), 수수(Sorghum), 호밀(Rye), 귀리(Oat)
	두류 (Legume)		대두(Soy Bean), 팥(Red Bean), 녹두(Green Bean), 완두(Pea), 강낭콩(Kidney Bean), 땅콩(Peanut)
	서류 (Potatos)		감자(Potato), 고구마(Sweat Potato), 마(Yam), 토란, 곤약
	채소류	경엽채류 (leaf Vegetable)	양상추(Lettuce), 브로콜리(Broccoli), 배추(Chinese Cabbage), 콜리플라워(Cauliflower), 양배추(Cabbage), 브루셀 스프라웃(Brussel Sprout), 적양배추(Red Cabbage), 아스파라거스(Asparagus), 대파(Leek), 샐러리(Celery), 시금치(Spinach), 쑥갓(Crown Daisy), 죽순(Bamboo Shoot), 미나리(Dropwort), 치커리(Chicory), 라디치오(Radicchio), 케일(Kale), 아욱, 근대
		근채류 (Root Vegetable)	당근(Carrot), 연근(Lotus), 생강(Ginger), 양파(Onion), 마늘(Garlic), 비트(Beet), 순무(Turnip), 무, 더덕, 도라지, 락교, 우엉
		과채류 (Fruits Vegetable)	오이(Cucumber), 호박(Pumpkin), 호박(Zucchini), 가지(Egg plant), 토마토(Tomato), 고추(Chili), 피망(Pimento), 파프리카(Parprika)
	과일류	인과류	사과(Apple), 배(Pear), 감(Persimmon), 감귤(Mandarin), 오렌지(Orange), 레몬(Lemon), 라임(Lime), 자몽(Grapefruits), 유자(Citrus)
		핵과류	복숭아(Peach), 살구(Apricot), 매실(Japanese Apricot), 자두(Plum), 대추(Jujube), 체리(Cherry), 앵두
		장과류	포도(Grape), 석류(Pomegranate), 크랜베리(Cranberry), 블루베리(Blueberry), 라스베리(Raspberry), 블랙베리(Blackberry), 구스베리(Gooseberry), 무화과(Fig)
		견과류 (Nuts)	밤(Chestnut), 은행(Ginkonut), 잣(Pinenut), 호두(Walnut), 피칸(Pecan), 헤이즐넛(hazelnut), 땅콩(Peanut), 아몬드(Almond), 피스타치오(Pistachio)
		과채류	수박(Watermelon), 메론(Melon), 딸기(Strawberry), 참외(Yellow Melon), 토마토(Tomato)
		열대과일류	파인애플(Pineapple), 바나나(Banana), 키위(Kiwi), 파파야(Papaya), 아보카도(Avocado), 망고(Mango), 망고스틴(Mangosteen), 두리안(Durian), 코코넛(Coconut), 람부탄(Rambutan), 패션후룻(Passion Fruit)
	허브&스파이스	잎	바질(Basil), 로즈마리(Rosemary), 타임(Thyme), 세이지(Sage), 차이브(Chive), 처빌(Chervil), 딜(Dill), 민트(Mint), 오레가노(Oregano), 코리앤더(Coriander), 타라곤(Tarragon), 레몬밤(Lemon Balm), 라벤더(Lavender), 월계수 잎(Bay Leaf)
		씨앗	넛멕(Nutmeg), 큐민(Cumin), 흰후추(White Pepper), 아니스씨(Anise Seed), 메이스(Mace), 코리엔더씨(Coriander Seed), 머스타드씨(Mustard Seed), 샐러리씨(Celery Seed), 딜씨(Dill Seed), 휀넬씨(Fennel Seed), 캐러웨이씨(Caraway Seed), 양귀비씨(Poppy Seed)
		열매	검은후추(Black Pepper), 파프리카(Parprika), 스타 아니스(Star Anise), 바닐라(Vanilla), 올 스파이스(All Spices), 쥬니퍼베리(Juniper Berry), 케이엔크 페퍼(Cayenne Pepper), 카다멈(Cardamon)
		기타	샤프론(Saffron), 정향(Clove), 케이퍼(Caper), 레몬그라스(Lomon Grass), 차이브(Chive), 계피(Cinnamon), 터메릭(Turmeric), 와사비(Wasabi), 홀스래디쉬(Horseradish)

식품군		주요 작품
축산식품	수조육류	쇠고기(Beef), 돼지고기(Pork), 닭고기(Chicken), 고래고기 등
	우유 및 유제품	우유(Milk), 버터(Butter), 치즈(Cheese), 요구르트(Yogurt), 분유 등
	알류	계란(Egg), 오리알, 메추리알(Quail Egg) 등
	벌꿀	벌꿀, 로열젤리 등
수산식품	해수어 (Fishes)	고등어(Mackerel), 정어리(Sardine), 청어(Herring), 갈치(Hairtail), 참치(Tuna), 대구(Cod), 숭어(Mullet), 병어(ButterFish), 아귀(Monkfish), 멸치(Anchovy), 명태(Pollack), 가자미(Sole), 넙치(Halibut), 복어(Puffer), 홍어(Skate), 방어(Yellow Tail), 민어, 꽁치, 전갱이, 삼치, 조기, 임연수어 등
	담수어	뱀장어(Eel), 잉어(Carp), 미꾸라지(Mud fish), 메기(Cat Fish), 연어(Salmon), 농어(Bass) 등
	조개류 (Clams)	홍합(Mussel), 소라(Top Shell), 조개(Clam), 굴(Oyster), 전복(Abalone), 관자(Scallop), 달팽이(Snail) 등
	갑각류 연체류 (Seafood)	게류(Crab), 새우류(Shrimps), 랍스터(Lobster), 오징어(Squids), 문어(Octopus), 해삼(Sea Cucumber), 멍게(Sea Squirt), 성게(Sea Urchin), 해파리(Jelly Fish), 낙지 등
	해조류	미역(Sea Mustard), 다시마(Sea Tangle), 파래(Sea Lettuce), 김(Seaweed), 우뭇가사리(Agar Agar), 청각(sea staghorn), 감퇴 등
임산식품	버섯류	표고버섯(Shiitake Funge), 양송이버섯(Mushroom), 느타리버섯(Oyster), 목이버섯(Chinese Ear Funge), 석이버섯(Manna Lichen), 송이버섯(Pine Funge), 송로버섯(Truffle), 죽생(망태)버섯, 팽이버섯, 영지버섯 등
	산채류	쑥, 냉이, 달래, 두릅, 취, 고사리, 고비, 씀바귀, 참나물, 질경이, 원추리 등
기타	식용유지	콩기름(Soy Bean Oil), 올리브유(Olive Oil), 면실류(Cotten Seed Oil), 옥수수기름(Corn Oil), 유채유(Canola Oil), 땅콩기름(Peanut Oil), 팜유(Palm Oil), 야자유(Coconut Oil), 참기름(Sesame Oil), 들기름(Perilla Oil) 등
	동물성 유지	버터(Butter), 쇠기름(Beef Tallow), 돼지기름(Pork Tallow), 양기름(Mutton Tallow) 등
	가공유지	마가린(Margarine), 쇼트닝(Shortening) 등
	조미료	설탕, 소금, 소금, 겨자, 산초, 고추냉이, 미림, 깨소금 등

통호밀Rye

백미

현미

흑미

오트밀Oat

보리Barley

기장 Millet

율무Joe's Tear

조

수수

메밀Buck wheat

Grains 곡류

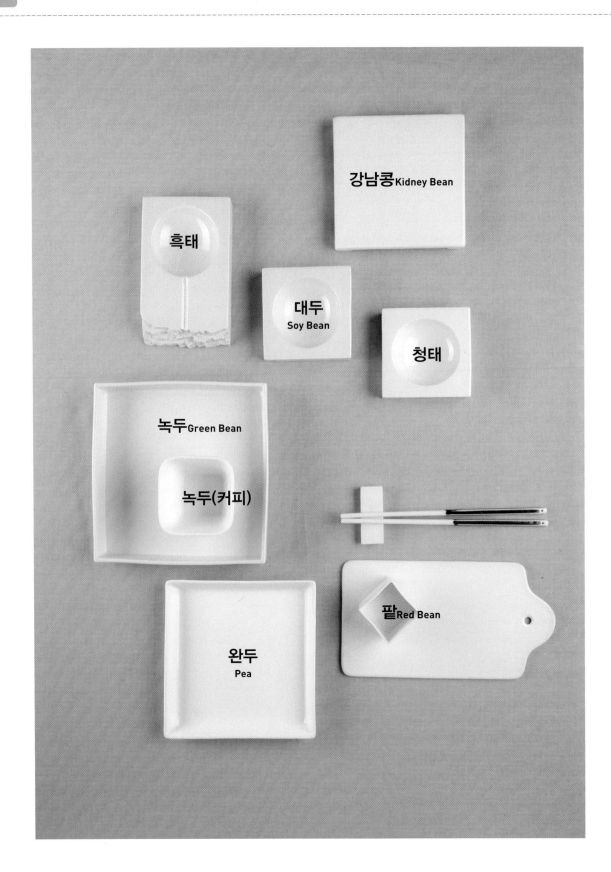

Legumes

두류

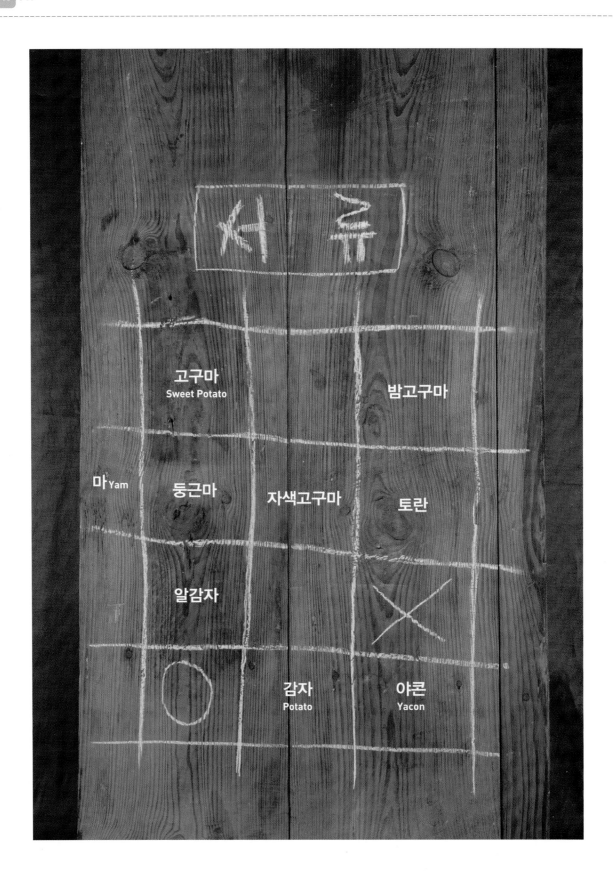

Potatos 서류

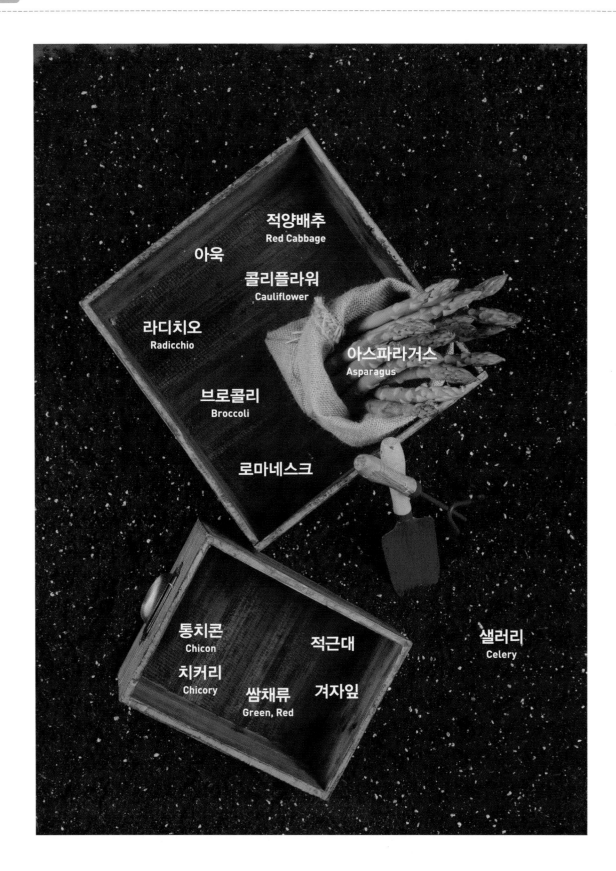

적양배추
Red Cabbage

아욱

콜리플라워
Cauliflower

라디치오
Radicchio

아스파라거스
Asparagus

브로콜리
Broccoli

로마네스크

통치콘
Chicon

적근대

샐러리
Celery

치커리
Chicory

쌈채류
Green, Red

겨자잎

Leaf Vegetables 경엽채류

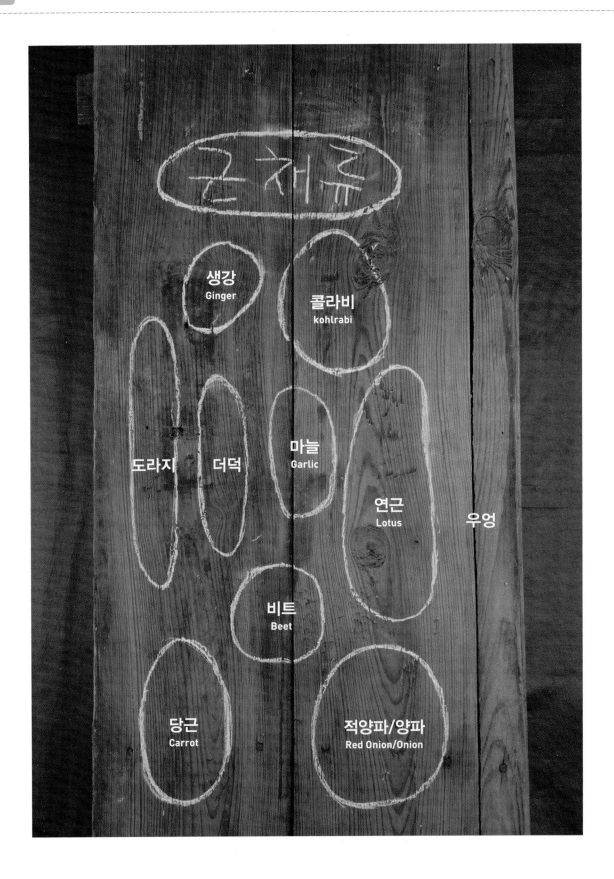

Root Vegetables 근채류

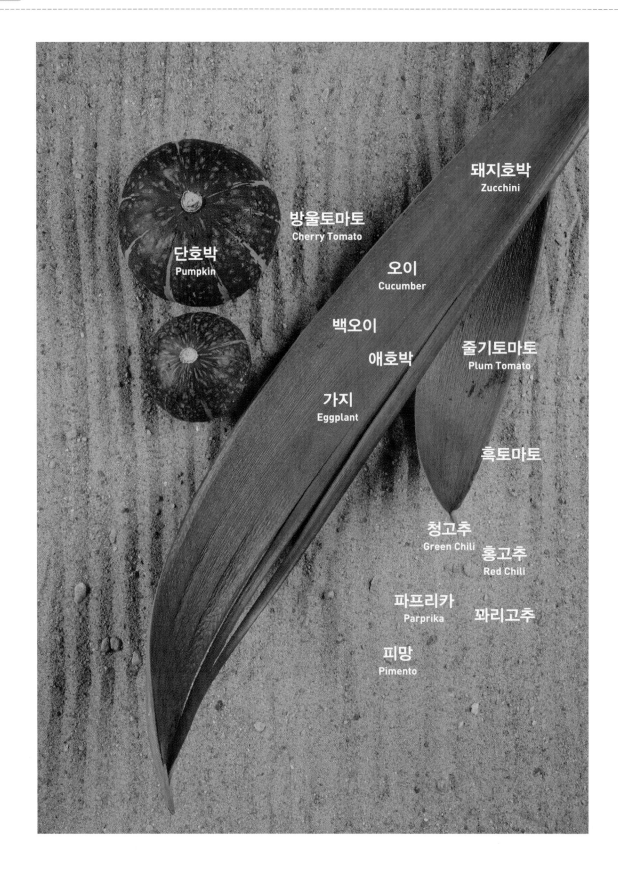

돼지호박
Zucchini

방울토마토
Cherry Tomato

단호박
Pumpkin

오이
Cucumber

백오이

애호박

줄기토마토
Plum Tomato

가지
Eggplant

흑토마토

청고추
Green Chili

홍고추
Red Chili

파프리카
Parprika

꽈리고추

피망
Pimento

Fruit Vegetables 과채류

석류 Pomegranate
키위 Kiwi
한라봉
유자 Citron
금귤 Kumquet
메론 Melon
라임 Lime
오렌지 Orange
레몬 Lemon
감 Persimmon

Fruits
과일류

자몽 Grapefruits
스위티 Sweaty
코코넛 Coconut

체리 Cherry

딸기 Strawberry

포도 Grape

무화과 Fig

용과 Dragon fruit

파파야 Papaya

아보카도 Avocado

망고 mango

대추 Jujube

커런트 Current

Fruits

과일류

블랙베리 Black berry

라스베리 Raspberry

블루베리 Blue berry

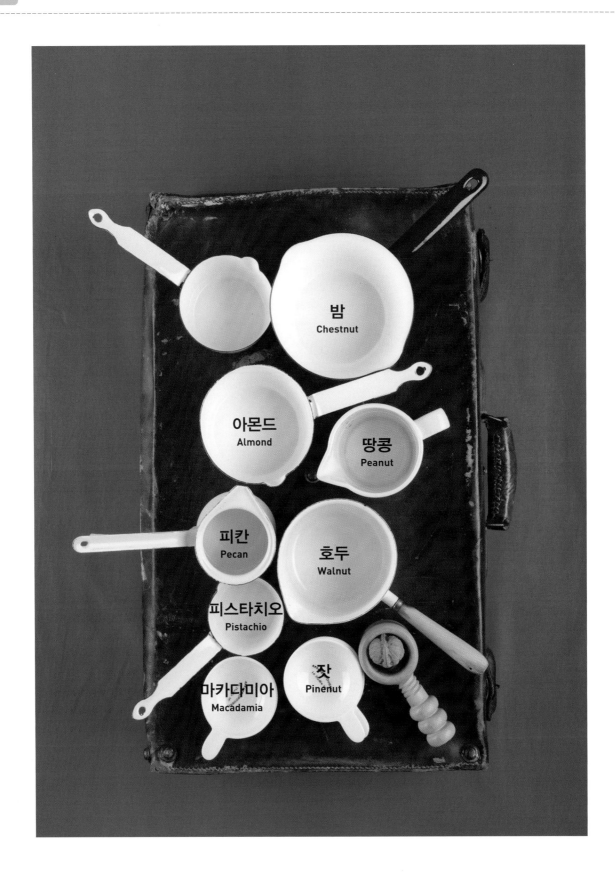

Nuts 견과류

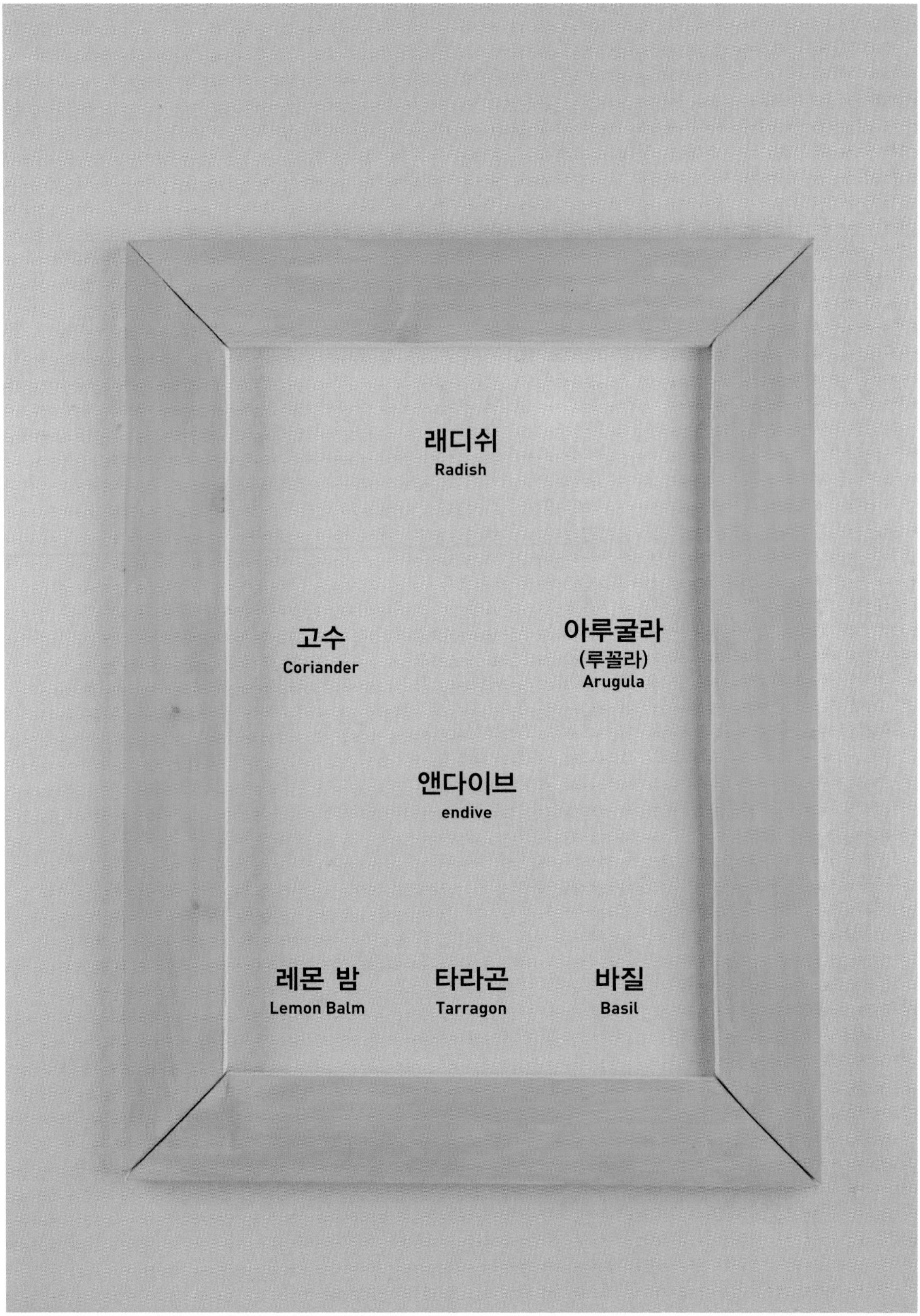

래디쉬
Radish

고수
Coriander

아루굴라
(루꼴라)
Arugula

앤다이브
endive

레몬 밤
Lemon Balm

타라곤
Tarragon

바질
Basil

Herbs 허브류

오레가노
Oregano

세이지
Sage

딜
Dill

처빌
Chervil

타임
Thyme

로즈마리
Rosemary

애플민트
Applemint

스피아민트
Spearmint

크레송
Water Cress

Herbs 허브류

오향
Star Anise

고수열매
Coriander Seed

샤프론
Saffron

넛맥
Nutmeg(whole)

케이퍼
Caper

겨자씨
Mustard Seed

양귀비씨
Puppy Seed

흑후추
Black pepper whole

적후추
Red pepper whole

흰후추
White pepper whole

월계수 잎
Bay leaf

SPICE

Spices I

스파이스 I

SPICE

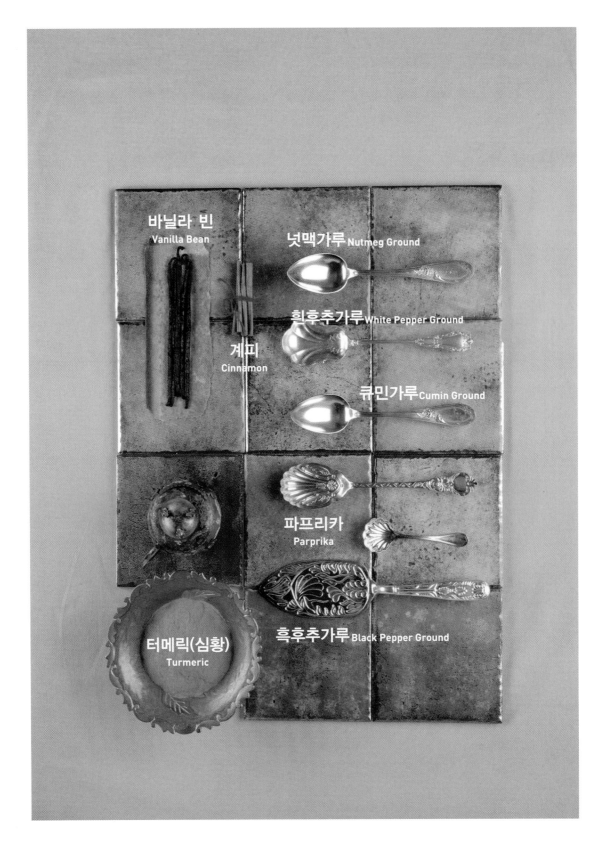

바닐라 빈 Vanilla Bean

넛맥가루 Nutmeg Ground

계피 Cinnamon

흰후추가루 White Pepper Ground

큐민가루 Cumin Ground

파프리카 Parprika

터메릭(심황) Turmeric

흑후추가루 Black Pepper Ground

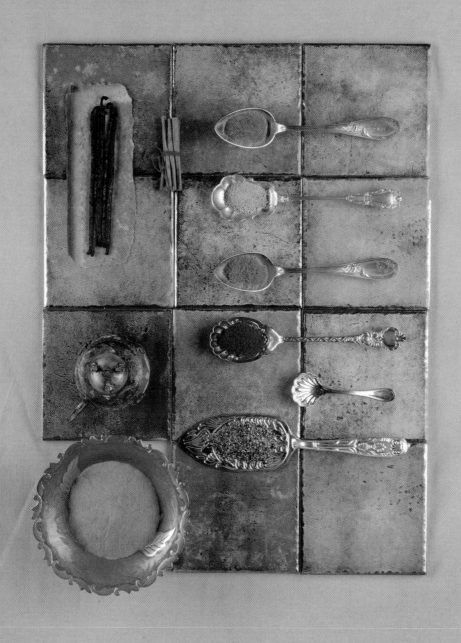

Spices II
스파이스 II

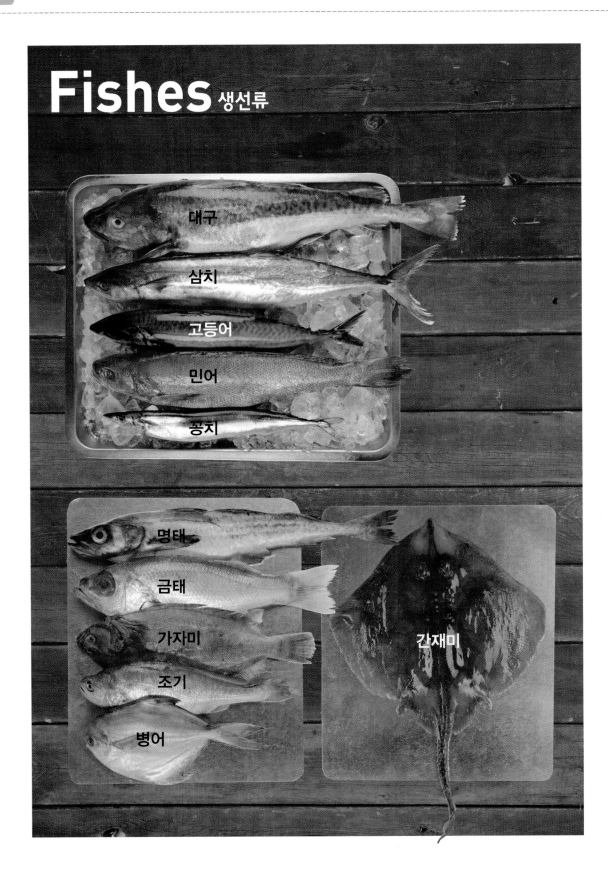

Fishes 생선류

대구

삼치

고등어

민어

꽁치

명태

금태

가자미

조기

병어

간재미

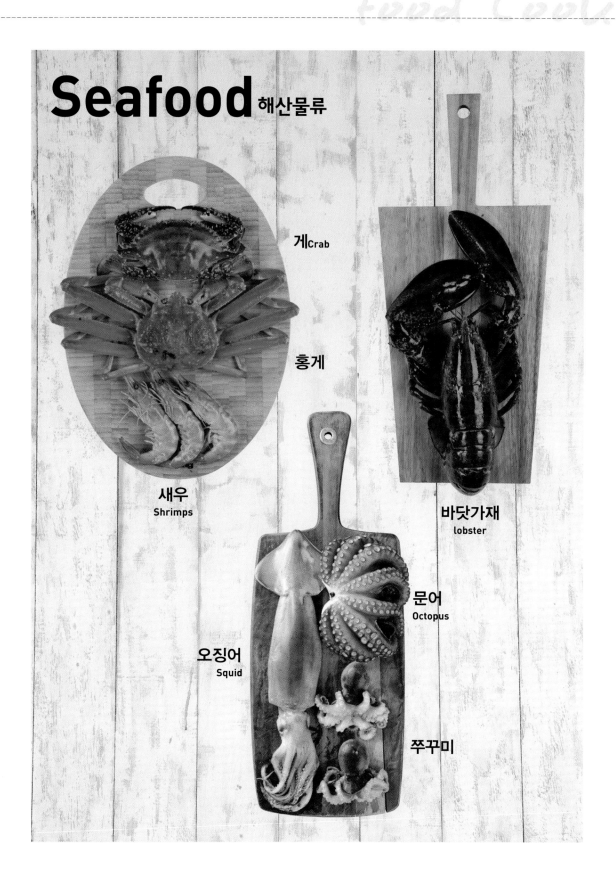

Seafood 해산물류

게 Crab

홍게

새우
Shrimps

바닷가재
lobster

오징어
Squid

문어
Octopus

쭈꾸미

Seaweed
해조류

갈래곰보
(적, 토사카노리)

톳

청각

파래

갈래곰보
(녹, 토사카노리)

미역

다시마

매생이

한천

Food Cook

Shellfish
조개류

홍합Mussel

소라Top Shell

키조개

피조개

석화 Oyster

관자Scallop

가리비

모시조개

개조개

전복Abalone

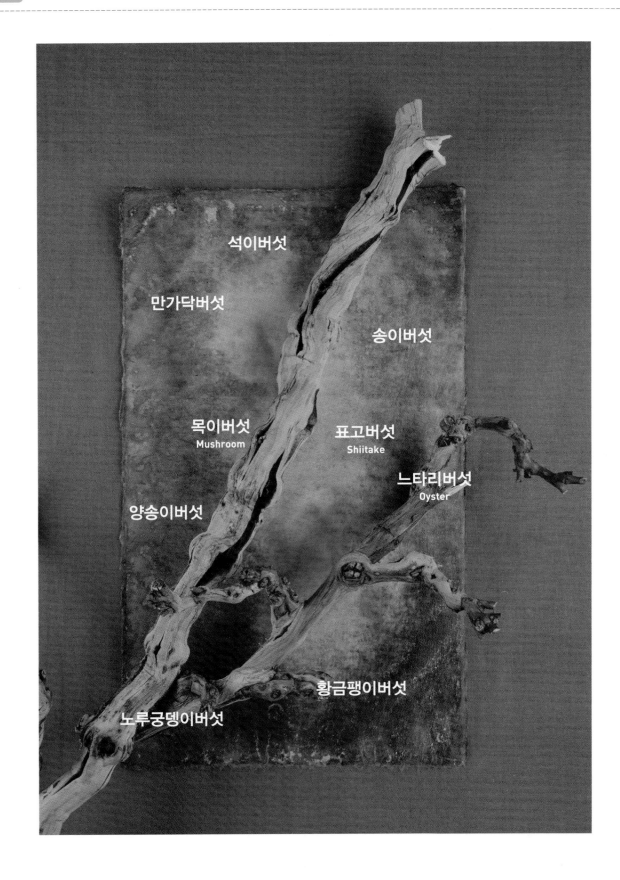

석이버섯

만가닥버섯

송이버섯

목이버섯
Mushroom

표고버섯
Shiitake

느타리버섯
Oyster

양송이버섯

황금팽이버섯

노루궁뎅이버섯

Mushrooms
버섯류

산채류

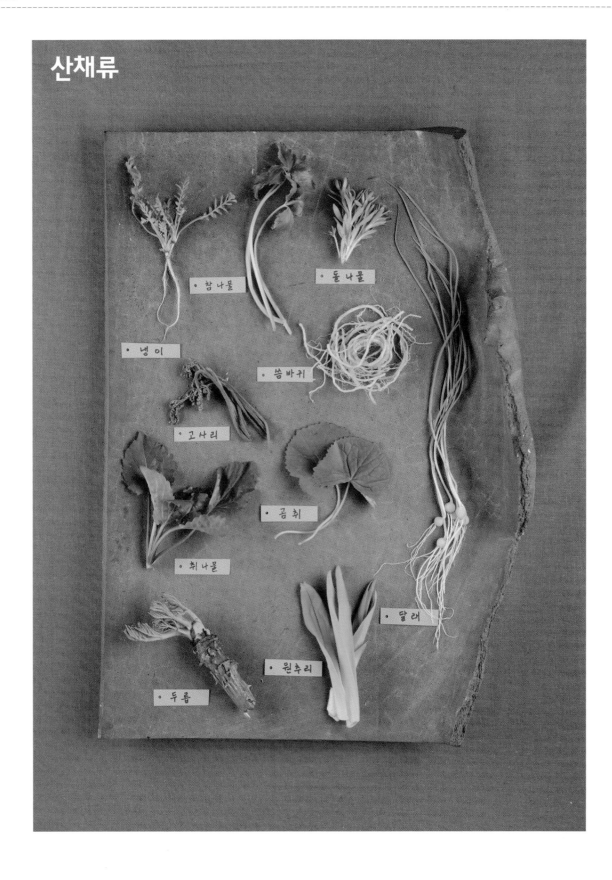

· 참나물

· 돌나물

· 냉이

· 씀바귀

· 고사리

· 곰취

· 취나물

· 달래

· 두릅

· 원추리

002 자르는 방법에 대한 모든 것을 알고 있어야 한다.

1) 자르는 모양Cutting Shape

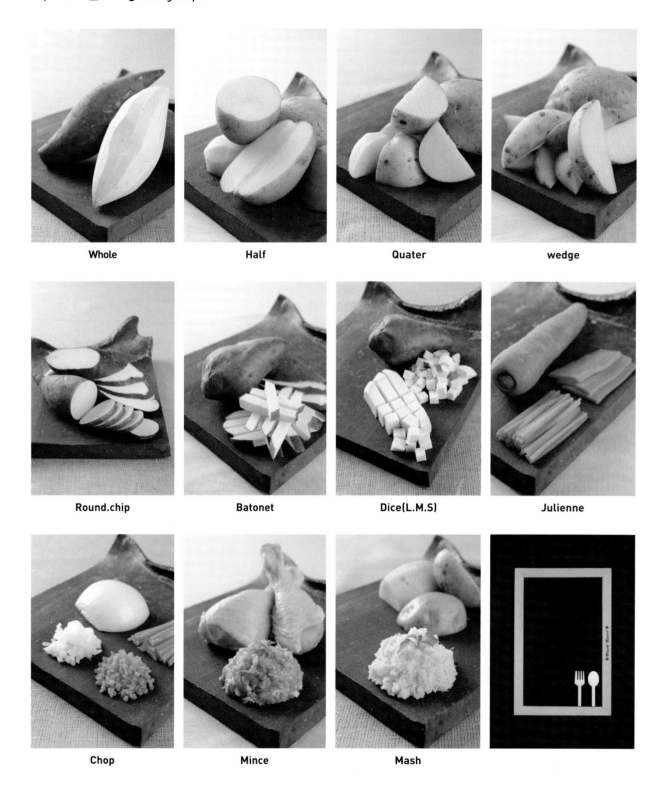

Whole	Half	Quater	wedge
Round.chip	Batonet	Dice(L.M.S)	Julienne
Chop	Mince	Mash	

Chiffonade

Tourner

Olivette

Paysanne

Parisienne

Concasse

Zest

Segment

003 조리 방법에 대한 모든 것을 알고 있어야 한다.

조리는 요리의 향, 감촉, 색이나 모양 등 요리의 맛을 증가시키는 기호적인 감각요소와 전분의 호화, 단백질의 열변성 등 식재료의 소화성과 안전성이 충분히 조화된 상태를 그 목적으로 한다. 다양한 식재료의 선택과 조합, 다양한 조리 도구와 불의 사용, 다양한 조리법의 활용을 통해 좋은 요리가 만들어진다.

조리를 하는 것은 일정한 열에너지를 전달하여 요리를 생산하는 과정을 말한다. 열에너지는 요리의 색, 맛, 향, 풍미, 모양 등을 바꾸어 주는 중요한 역할을 한다.

조리 시에 열전달은 크게 복사(Radiation), 전도(Conduction), 대류(Convection) 등으로 구분되는데, 재료에 따라서 그 방식도 달리한다.

열전달은 분자의 빠른 이동으로 이루어지는데, 요리는 이러한 열전달에 의해 조리되고, 그 모양이나 영양분의 상태가 변화하게 된다. 따라서 조리 시에 발생하는 단백질의 변화나 설탕, 녹말, 기름이나 물의 작용을 이해하면 어느 정도 조리의 원리를 파악할 수 있다.

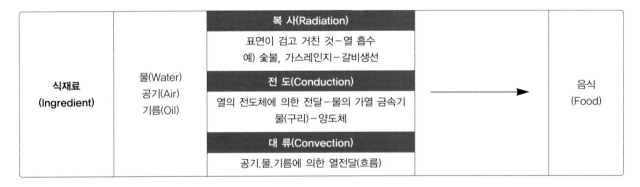

식재료 (Ingredient)	물(Water) 공기(Air) 기름(Oil)	복 사(Radiation)		음식 (Food)
		표면이 검고 거친 것 - 열 흡수 예) 숯불, 가스레인지 - 갈비생선		
		전 도(Conduction)		
		열의 전도체에 의한 전달 - 물의 가열 금속기 물(구리) - 양도체		
		대 류(Convection)		
		공기.물.기름에 의한 열전달(흐름)		

Cooking Method					
습열조리(물) (Moist-Heat cooking)		건열조리(공기, 기름) (Dry-Heat cooking)		복합조리 (Combination cooking)	기타
water(물)	Boiling(보일링)	Air(공기)	Roasting(로스팅)	Stewing (스튜잉)	Glazing(글레이징)
	Blanching(블란칭)		Baking(베이킹)		
	Simmering(시머링)		Grilling(그릴링)		Gratin(그라틴)
	Poaching(포칭)		Broiling(브로일링)		
	Steaming(스티밍	Oil(기름)	Sauteing(소테잉)	Braising (브레이징)	Papillote(파피요트)
			Pan-Frying(팬후라잉)		
			Deep-Frying(딥후라잉)		

1) 습식열 조리방법 Moist-heat Cooking Methods

습식열 조리방법은 습기를 가진 열을 재료에 가하여 대류(Convection) 또는 전도(Conduction) 방식으로 조리하는 것이다. 직접적으로 물속에서 조리되기도 하지만, 수증기를 이용하기도 한다. 그 방법에는 보일링, 블란칭, 시머링, 포칭, 스티밍의 5가지가 있다.

(1) 보일링 boiling (끓이기, 삶기)

끓이기는 음식(food)을 육수나 물 같은 액체에 열을 가하여 끓이는 방법으로 액체에 거품(bubbling)이 크게 일어나고, 물의 대류 현상으로 물의 표면이 거칠게 움직이면서 음식을 익혀준다.

끓이기는 식재료(단단한 식재료)를 물 표면에 잠기게 하여 100℃ 끓는 물에서 익히는 습열 조리 방법이다.

① 찬물로 시작해서 끓이는 방법

식재료의 겉 표면이 거칠거나 딱딱할 경우, 갑자기 수분을 흡수하게 하여 골고루 익기를 원할 때 쓰는 조리법이다.

- 육수를 만들기 위해서는 찬물에 은근히 거품을 거둬내면서 끓여야 맑은 육수를 만들 수 있다.
- 끓일 때 거품이 생기는 재료는 뚜껑을 닫지 않고 끓인다.
- 물이 끓으면 화력을 조절하여 은근히 끓여야 한다.

② 더운 물로(끓는 물) 시작해서 끓이는 방법

식재료(육류, 채소, 파스타)를 빨리 익게 하고, 영양적으로 비타민을 보존하며, 식품 고유의 색을 보존하기 원할 때 쓰는 방법이다.

- 채소를 삶은 물은 수용성 비타민과 무기질이 많으므로 채소를 삶을 때 물을 적게 넣거나 되도록 채소 삶은 물을 이용하는 것이 좋다. 외국의 경우, 채소국물을 이용하여 수프를 끓이기도 한다.

corned beef

- 파스타(국수, 스파게티)는 뚜껑을 열고 소량의 기름을 넣은 후 끓는 물에 삶을 때 전분의 젤라틴화를 막게 되어 서로 붙지 않는다.

(2) 블란칭blanching(데치기)

블란칭은 식재료를 100℃ 끓는 물에 살짝 넣었다가 건져 재빨리 찬 얼음물이나 찬물에 냉각시켜 더 이상 조리가 진행되지 않도록 해야 한다.

데치기의 목적은 조직 연화, 단백질 응고, 색상 강화, 독소 및 아린 성분 제거, 지방의 추출, 살균 소독, 조리 시간의 단축 등이 있다. 블란칭에는 기름으로 블란칭하는 방법도 있다.

물에 데치기	토마토, 시금치, 미나리, 근대, 아욱, 베이컨, 채소나 육류 등
기름에 데치기	기름 온도는 130℃ 정도. 채소, 생선, 육류 등

(3) 시머링simmering(은근히 끓이기)

시머링은 높은 온도에서 한 번 끓였다가 불을 약하게 줄여 85~95℃ 사이의 온도를 유지한 상태에서 은근히 오래 끓이는 방법이다. 식재료는 액체에 완전히 잠기게 된다. 시머링은 음식의 맛과 향의 효과를 높이기 위해 사용되는 습열 조리방법이다. 시머링의 온도는 보일링의 물의 액션보다는 공기방울이 약하게 터지는 움직임을 볼 수 있다. 은근히 끓이기의 목적은 요리될 재료를 습식열로 인하여 부드럽게 하기 위함과 국물을 우려내기 위해 주로 사용한다(예. 스톡, 수프, 소스, 곰탕 등).

(4) 포칭Poaching(은근히 익히기)

포칭은 음식이 완전히 액체 속에 담긴 상태에서 75~85℃가 지속적으로 유지되면서 은근히 익히는 방법으로 물방울의 움직임은 거의 없는 상태이다. 은근한 온도를 유지하는 중요한 이유는

식재료 자체에 끓는 물방울의 움직임이 없어야 조리를
하는 동안 음식의 모양이 흐트러지지 않기 때문이다.
즉 높은 온도에서는 끓는 물방울에 의해 식재료의 모양
이나 텍스처가 부드럽지 못하거나 단단해진다.

포칭은 생선이나 계란 혹은 조개 같이 부드러운 음식
을 조리할 때 사용되는 조리 방법이다. 포칭을 할 때는
향이나 풍미를 살리기 위하여 스톡(stock), 부이용
(bouillion), 식초를 섞은 물을 많이 사용한다.

steaming
This is a super-quick way to cook everything from chicken and fish to veget
So boil the water and in no time, you'll be enjoying clean, fresh flavour

PHOTOGRAPHY CHRIS COURT STYLING STEVE PEARCE

lemon and ginger steamed chicken

(5) 스티밍 Steaming (수증기로 익히기)

스티밍은 끓는 물 위에 랙(rack)이나 바스켓을 올려
놓고, 그 위에 음식을 넣은 후 뚜껑을 덮어 수증기의 열
로 익히는 습열 조리 방식이다.

스티밍에서는 보일링에서 보다는 적은 양의 물이 사
용되고, 기름 성분이 사용되지 않기 때문에 매우 영양적인 조리 방법이며, 재료 자체의 고유한 맛이 그
대로 유지된다. 생선이나 조개를 스팀할 때 쓰이는 액체(liquid)는 보통 물이나 최종적으로 내고자 하는
맛에 어울리는 특정 허브, 스파이스, 와인 등을 넣은 꾸르 부이용(court bouillon)이 사용되기도 한다.

조리방법	내용
Boiling	어떤 식재료(단단한)를 육수나 물, 액체를 넣고 100℃ 끓는 물에 완전히 잠기게 하여 익히는 방법. 찬 물로 시작: 육수 / 끓는 물로 시작: 채소나 국수, 파스타
Blanching	어떤 식재료(시금치 같은 연한)를 100℃ 끓는 물에 잠깐 넣었다가 건져 찬물이나 얼음물에 담가 조리진행을 막는 것 (10:1). (기름에 데치는 경우도 있음)
Simmering	물을 한 번 끓였다가 불을 약하게 줄여 85~95℃ 열로 은근히 오래 끓이는 방법(육수나 소스, 수프 끓일 때 사용)
Poaching	물의 온도가 75~85℃ 열로 은근히 익히는 방법(계란이나 생선). 스톡이나 와인 식초나 레몬을 첨가하여 향과 풍미를 더함.
Steaming	뚜껑을 덮고 물을 끓여 수증기 열(100℃ 이상)로 어떠한 식재료들을 익히는 방법(식재료의 영양, 풍미, 색 ↑)

2) 건식열 조리방법Dry Heat Cooking Methods

건열에 의한 조리방법은 공기(air)열이나 기름(oil)열 또는 불꽃(flame)열로 음식을 직접적이나 간접적으로 익히는 조리방법이다. 음식(food)의 한쪽 부분 또는 여러 면으로 열을 가하여 요리의 색이나 모양을 살리기도 한다.

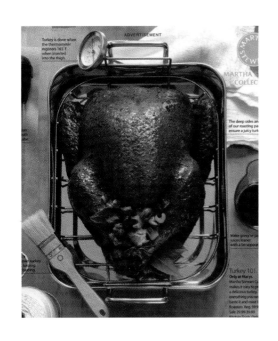

(1) 로스팅Roasting(통째로 굽기)

로스팅은 밀폐된 공간(오븐, oven)속에서 공기의 대류열을 이용하여 음식(예. Meats, poultry)을 익히는 건열 조리 방법이다. 로스팅이란 용어는 주로 고기나 가금류 같은 큰 덩어리의 고기 종류에 사용된다.

공기의 대류(convection)에 의해 음식의 표면에 열이 전달되어, 음식의 표면이 건조되고(dehydrate), 카라멜화(caramelization) 되어 음식이 갈색화(browning)된다.

굽는 동안 육즙이 빠져 나오는 것을 최소화하기 위하여 고기 덩어리를 오븐에 넣기 전에 씨어링(Searing)를 하여 갈색으로 낸 후에 넣는다.

기름기가 없는 육류를 로스팅할 때는 바딩(Barding)과 라딩(Larding)을 한 육류를 조리하는 것이 좋

다. 바딩(Barding)은 기름기 없는 육류의 표면을 지방으로 감싸준 후 로스팅하는 것으로 베이컨이나 얇게 썬 지방(Fatback)을 사용한다. 라딩(Larding)은 가늘고 긴 지방을 라딩 튜브(Larding Tube)를 이용해 지방이 없는 고깃덩어리 가운데에 삽입하는 것으로, 특별한 경우에 야채를 지방대신 사용하기도 한다.

(2) 베이킹Baking(굽기)

베이킹은 밀폐된 공간(오븐, oven) 속에서 공기의 대류열을 이용하여 음식(예. fish, fruits, vegetables, starchs, Breads or pastry)을 익히는 건열 조리방법이다.

베이킹이란 용어는 주로 생선이나. 과일, 야채, 전분

류, 빵이나 타르트류, 케익류 등에 사용된다.

공기의 대류(convection)에 의해 음식의 표면에 열이 전달되어, 음식의 표면이 건조되고(dehydrate), 카라멜화(caramelization)되어 음식이 갈색화(browning)되고, 음식물의 표면에 접촉되는 건조한 열은 그 표면을 바싹 마르게 구워 맛을 높여 준다.

(3) 그릴링Grilling(석쇠구이)

그릴링은 열원(열의 위치)이 석쇠 아래쪽에 있어서 음식의 표면을 익히는 조리방법이다. 그릴링의 열원(열의 위치)은 가스, 전기, 숯, 석탄 등을 사용하여 음식에 훈연의 향(smoky flavor)으로 맛을 더하고, 음식에 난 석쇠자국(cross-hatch mark)으로 시각적인 맛을 더한다.

(4) 브로일링Broiling

브로일링은 열원(열의 위치)이 석쇠 위쪽에 있어서 음식의 표면을 익히는 조리방법이다. 브로일링의 최초 열은 매우 고온으로 1,000℃ 이상이지만 방사에 의한 석쇠 또는 금속성 조리기구로 전달된 최종온도는 조리에 알맞게 된다. 식재료에 직접적으로 열이 닿게 되면 재료에 손상을 입게 되므로 석쇠에 열을 먼저 가한 다음, 적정 온도가 되었을 때 재료를 넣어 조리한다.

Grilling보다는 조금 빠르게 조리를 할 수 있는 장점이 있는 반면, 석쇠의 온도를 조절하는 데 어려움이 있다. 우리나라에서는 Broiling보다 Grilling을 더 많이 이용하는 편이다.

(5) 소테잉Sauteing

소테잉은 예열된 소테팬에서 소량의 기름을 넣고 고온에서 음식(잘게 썬 채소나 고기류)을 순간 살짝 볶는 조리방법이다.

소테잉은 적은 양의 기름을 두르고 연기가 발생할 때쯤 시작하면 좋은 결과를 얻을 수 있고, 재빨리 섞거나 흔들어 주는 것이 요리의 색이나 모양을 지킬 수 있다. 또한 소테하는 목적은 식품의 영양소 파괴를 최소화하면서 음식에서 맛있는 즙이 빠져 나오는 것을 방지하기 위함이다. 육류의 경우, 표면에 소테를 함으로써 표면의 기공을 막아 육즙의 손실을 최소화하는데, 스테이크를 조리할 때 먼저 센 불에 소테한 후 오븐에서 로스팅하는 것이 바로 이러한 방법을 사용하는 좋은 예이다.

소테는 세 가지 맛이 있다고 한다. 즉 팬의 기름맛, 철판의 맛, 식품에서 나온 즙 맛이다.

스터 후라잉(stir frying) 역시 소테의 또 다른 방식으로 주로 중국요리를 할 때 소테팬 대신 중식 후라이팬(Wok)을 사용하여 소량의 기름을 넣고 강한 불에서 작은 조각의 식재료를 재빨리 볶아 내는 조리방법이다.

(6) 팬 후라잉Pan Frying

팬 후라잉은 예열된 기름에 음식이 1/3~1/2정도 잠기게 하여 튀기는 조리방법이다. 팬 후라이는 보통 빵가루를 입힌 음식에 많이 사용된다.

(7) 딥 팻 후라잉Deep Fat Frying

딥 팻 후라잉은 예열된 기름(160~190℃)에 음식을 완전히 잠기게 하여 튀기는 조리방법이다. 딥팻 후라이는 보통 빵가루(breading)나 다양한 반죽(batter) 등을 입혀 튀긴다. 이렇게 하는 이유는 음식의 수분과 영양분을 보존하고, 기름의 흡수를 방지하기 위함이다. 튀김에 있어서 가장 좋은 색은 금색이 나는 갈색(golden brown)이다.

Air	Roasting	밀폐된 공간 안에서 공기의 대류열을 이용하여 덩어리의 고기류를 익히는 방법. 표면이 갈색으로 바뀌면서 당류의 캐러멜화(Caramelization)현상 나타남. 기름기 없는 고기를 로스팅 할 때, 바딩(baring), 라딩(Larding)을 사용함.	
	Baking	밀폐된 공간 안에서 공기의 대류열을 이용하여 작은 덩어리의 식재료를 익히는 방법. (Bread. Tart. Pie. Cake 류, vegetable, Fruits. Fish 등)	
	Grilling	열원이 위치가 아래에 있는 조리방식(가스, 숯, 전기 등) Under Heat 방식으로 훈연의 향을 돋을 수 있음. Cross-Mark로 요리의 시각효과를 높임.	
	Broiling	열원이 위치가 위에 있는 조리방식(가스, 숯, 전기 등), Over Heat 방식	
Oil	Sauteing	예열된 팬에 소량의 기름을 넣고 고온에서 순간 살짝 볶는 방법. 소테의 3가지 맛　팬의 기름 맛. 철판의 맛. 식품에서 나온 맛. 소테의 목적　영양파괴 최소화, 육즙의 손실 최소화, 요리의 색과 모양을 지킴. Stir – Frying – Wok	
	Pan-Frying	예열된 기름에 어떤 식재료들이 1/3~1/2 정도 잠기게 하여 튀기는 방법. Flour – Egg wash – Bread Crumb(밀가루–계란–빵가루)	
	Deep-Frying	예열된 기름의 대류열을 이용하여 튀기는 방법(완전히 잠기게 하여). 튀김온도는 수분이 많은 채소일수록 낮은 온도. 생선, 육류 순으로 고온임. 수분, 단맛의 유출을 막고, 기름을 흡수 풍미를 더함.	

3) 복합 조리방법 Combination Cooking Methods

　복합조리방법은 습열과 건열을 모두 사용하는 조리 방법으로 색과 맛을 내기 위해서 건열 조리방법으로 시작해서 조리를 마무리하는 단계에서 습열 조리방법으로 조리하는 것이 일반적이다. 복합 조리방법은 맛이나 영양가의 손실을 최소화하고 재료를 부드럽게 조리하기 위한 방법으로 육류 조리에 많이 사용된다.

(1) 스튜잉 stewing

　스튜잉은 예열된 팬에 소량의 기름을 넣고 잘게 썬 채소와 고기를 넣고 볶아서 색을 낸 후 육수나 소스를 넣어 끓인 후 시머링하는 조리 방법이다. 즉, 건식 (saute)과 습식(boiling,simmering)을 겸해서 사용하는 조리방법이다. 스튜는 작은 덩어리를 높은 열로 표면에

seasonal flavours.

색을 낸 다음 습식열로 조리하는 것이 특징이고. 소스를 충분히 넣어 재료가 잠길 정도로 조리해야한다. 브레이징과의 차이점은 스튜는 작은 덩어리를 조리하고, 브레이징은 큰 덩어리를 조리한다.

(2) 브레이징braising

브레이징은 큰 덩어리 고기를 예열된 팬에 소량의 기름을 넣고, 높은 온도로 고기 표면을 갈색이 나도록 구워 준 (searing) 후, 큰 팬에 구운 고기, 채소, 향신료, 육수나 소스를 고기의 1/4정도 넣고 팬 그대로 오븐에서 가끔씩 소스를 고기 위에 뿌려 가며 익히는 조리방법이다.

Stewing	작은 덩어리의 식재료를 높은 열로 표면에 색을 낸 다음 소스를 재료가 완전히 잠기게 하여 조리하는 방법.
Braising	덩어리가 크고 육질이 질긴 부위나 지방이 적게 함유된 고기. 달군 팬에서 높은 온도로 고기 주위를 갈색이 나도록 구워주고(Searing), 육류 내부에 있는 육즙이 빠져 나오는 것을 막아 준 후 채소, 향신료, 소스나 육수를 1/4정도 잠기게 넣고 오븐에 넣어 익힘.

4) 기타 조리방법

글레이징(Glazing)

야채류, 육류요리를 색깔과 광택이 나도록 하는 방법. 단단한 식재료를 삶아 익힌 후 물기를 제거하고, 설탕, 버터를 넣고 맛과 광택이 나도록 한다.

그라틴(Gratin)

이 방법은 어떤 요리를 마무리 단계에서 요리의 표면에 달걀 노른자, 치즈 버터, 설탕, 카라멜 등을 살라만다(salamander) 또는 오븐에서 표면의 색깔을 갈색으로 내는 방법.
스프류, 생선요리, 그라탕, 스파게티, 마카로니 등이 있다.

파피요트(Papillote)

이 스티밍 방법은 'in paper(종이 안에서)'라는 의미로 주재료와 그 외 재료들을 유산지(parchment paper)로 싸서 자체에서 나오는 주스에 의해 스팀이 생겨 조리된다. 유산지 대신 알루미늄 호일, 양상추, 포도 잎, 바나나 잎, 옥수수 잎 등을 사용할 수 있다.

쉬어가기

조리(Cooking)의 구성요소

주재료	부재료	매개체	조리법	향신료	presentation	style
육류	육류	물	건열조리	F.herb	담는 방법	한식
가금류	가금류	기름	습열조리	D.herb	제공 방법	양식
어패류	어패류	공기	직화조리	spice	garnish	중식
과일/야채	과일/야채		복합조리	감미료		프렌치
곡류/면류	곡류/면류		온도×시간	소금류		이태리
기타	기타					인디아
						멕시코

출처 : 조리 체계론, 한국외식정보, 2002.

쉬어가기

〈푸드 스타일리스트에게 필요한 재능〉

아래 표의 문항을 보고 '매우 그렇다 5점, 그렇다 4점, 보통이다 3점, 그렇지 않다 2점, 전혀 그렇지 않다 1점' 이다. 빠짐없이 체크하고 점수를 모두 더하면 푸드 스타일리스트가 되기 위한 나의 재능을 알 수 있다.

No	Talent	Score
1	최근 유행하는 다양한 트렌드에 대해 관심이 있다	⑤ ④ ③ ② ①
2	어떤 것이든 경쟁력이 될 수 있는 나만의 독창적이 재능이 있다	⑤ ④ ③ ② ①
3	세계 각국의 식문화 전반에 대해 폭넓은 지식을 가지고 있다	⑤ ④ ③ ② ①
4	대인관계를 잘 하는 편인 것 같다	⑤ ④ ③ ② ①
5	평소 요리를 하면 주변 사람들이 맛있다고 한다	⑤ ④ ③ ② ①
6	식료품에 대한 식품영양학적 지식이 있는 편이다	⑤ ④ ③ ② ①
7	주변사람들에게 인내심(뚝심)이 있다는 이야기를 자주 듣는다	⑤ ④ ③ ② ①
8	문화전반에 걸쳐서 지적 소양이 있다고 생각한다	⑤ ④ ③ ② ①
9	창조적이며 예술가적인 기질이 있다	⑤ ④ ③ ② ①
10	다른 사람과 어울려 일을 할 수 있는 팀워크가 있다	⑤ ④ ③ ② ①
11	순발력이 뛰어나고 프로근성이 있는 편이다	⑤ ④ ③ ② ①
12	리더십과 결단력이 있다	⑤ ④ ③ ② ①
13	정리, 계획, 문제해결능력이 있다	⑤ ④ ③ ② ①
14	전문 요리학교나 관련 학위를 가지고 있다	⑤ ④ ③ ② ①
15	미술과 디자인에 관한 과목을 수료하였다	⑤ ④ ③ ② ①
16	플라워, 테이블, 티 등의 과목을 수료하였다	⑤ ④ ③ ② ①
17	마케팅과 비즈니스 분야에 대한 과목을 수료하였다	⑤ ④ ③ ② ①
18	제작과정에 대한 이해를 하고 있다	⑤ ④ ③ ② ①
19	어시스트, 식품회사, 출판사, 홍보대행사 등에서 일한 적이 있다	⑤ ④ ③ ② ①
20	호텔, 레스토랑에서 일한 경험이 있다	⑤ ④ ③ ② ①

〈참조 : 김경미 외 3. 푸드 스타일링. 교문사, 2005〉

※ Total Score   81~100점 : 시간+노력이 필요합니다!

71~80점 : 시간+(노력)^{2}이 필요합니다!

61~70점 : 시간+(최선의 노력)^{2}이 필요합니다!

51~60점 : 시간+(각고의 노력)^{2}이 필요합니다!

50점 이하 : (인내의 시간)^2+(각고의 노력)^{2}이 필요합니다!

Tip. 푸드 스타일리스트가 되기 위해 어떠한 부분을 보완해야 하는지 체크해 보는 시간이 되시기를 바랍니다.

REFERENCE
& INDEX

참고자료**

*참고서적

강인희, 한국의 맛, 대한교과서, 1987.

권상구, 기초디자인, 미진사, 2002.

김경미 외, Color & Food Stying, 교문사, 2006.

김경미 외, 푸드 스타일링, 교문사, 2005.

김경미, 김덕환, 먹고바르는 컬러푸드, 효성출판사, 2005.

김경미, 김덕환, 웰빙샐러드, 효성출판사, 2004.

김경임 외, 푸드코디네이션 개론, 파워북.

김민기,조호선,허정 공저, 색채의 푸드 스타일링, 도서출판 효일, 2009.

김삼랑, 미술교육개론, 미진사, 1992.

김언정, 푸드코디네이터로 살아가기, 니케, 2009.

김윤정.김은희, 그린테이블, 북하우스, 2009.

김인혜, 디자인 발상, 미진사, 2003.

김준모, Think Wise를 응용한 디지털 마인드 맵, Global, 2006.

김춘일.박남희, 조형의 기초와 분석, 미진사, 2006.

김현영, 손경애, 여화선 공저, color color color, 예경, 2003.

데이비드 A. 라우어, 스티븐 펜탁 지음, 이대일 옮김, 조형의 원리, 예경, 2004.

데이비드 A라우어/스티븐 펜탁, 조형의 원리, 예경, 2004

도쿄상공회의소, 검정코디네이션 검정시험 2급 교과서, ㈜휴앤즈 2005.

도쿄상공회의소, 검정코디네이션 검정시험 3급 교과서, 2006.

민경우, 디자인의 이해, 미진사, 2002.

박영순 외, 색채와 디자인, 교문사, 1998.

박현일, 디자인강의, 교우사, 2008.

색채 Ⅰ.Ⅱ, 한국색채연구소, 2005.

성인혜, 황인자 공저, 기분 좋은 선물포장, 중앙 M&B, 2004.

식공간연구회, 푸드코디네이트, 교문사, 2009.

신행선, Color combination planning, 디지털북, 2009.

염진철 외, 기초서양조리 이론과 실기, 백산출판사, 2006.

윤혜림, COLORIST, 도서출판국제, 2004.

이건호, 디자인이야기, 태학원, 2004.

이승재 외, 푸드 스타일링, 백산출판사, 2008.

일본 시각디자인 연구소 편, 강화선 옮김, 색의 현장 2,3, 태학원, 1997.

전경원, (동ㆍ서양의 하모니를 위한) 창의학, 학문사, 2000.

전경원, 창의성 교육의 이론과 실제, 창지사, 2006.

조리교재발간위원회, 조리체계론, 한국외식정보, 2002.

조열, 김지현, 기초디자인을 위한 형태지각과 구성원리, 창지사, 1999.

최경원, 좋아하는 것들의 비밀 Good Design, 길벗, 2009.

컬러리스트 1.2급 실기시험 대비, CCI색채연구소, 도서출판국제, 2006.

한국직업사전, http://www.work.go.kr

한석우, 입체조형, 미진사, 2006.

현영희 외, 식품재료학, 형설출판사, 2000.

홍진숙 외, 식품재료학, 교문사, 2005.

황재선, 푸드 코디네이션, 교문사, 2003.

*참고논문

전지영, 음식사진에 표현된 Food styling의 조형성 연구, 홍익대학교 석사논문, 2005.

최윤정, ASIT로 활용한 디자인 발상교육 프로그램에관한연구, 부산교육대학교석사논문, 2008.

박은희, 푸드 스타일리스트의 역할과 기능에 관한 연구, 숙명여자대학교석사논문, 2007.

최경우, 중첩의 개념과 형태-공간적 유형 특성을 적용한 전시공간 계획에 관한 연구, 건국대 건축전문대학원
　　　석사학위논문, 2007.

배주은, 푸드 스타일링의 시각적 효과가 고객의 구매의사 및 가격수용성에 미치는 영향, 세종대 대학원 석사학
　　　위 논문, 2006.

김경미, 푸드 스타일링의 색채 이미지에 관한 연구, 경기대학교 석사학위논문, 2003.

김민성, 디자인 교육의 창의적 발상법에 관한 연구, 단국대 염색공예디자인 전공, 2005.

임화진, 포스터 디자인에 있어서 VISUAL PUN의 발상법 연구, 숙명여대 산업디자인학과 평면디자인 전공.
　　　1998.

전지영, 음식사진에 표현된 FOOD STYLING의 조형성 연구, 홍익대 광고 디자인 전공, 2005.

최명재, 초등학교 디자인 교육에서 창의적 아이디어 발상에 관한 연구, 부산교육대학교 교육대학원, 2003.

이진하, 푸드 스타일리스트 직업정보 인지 분석, 경기대학교 석사학위논문, 2005.

박은희, 푸드 스타일리스트의 역할과 기능에 관한 연구, 숙명여자대학교 석사학위논문, 2007.

*그림 출처

Chapter 2

page-26

Vistro Elle, 2006, 4.

Donna Hay Issue11, 2003, p78.

Martha Stewart Living, 2009, 3, p89.

Donna Hay Issue12, 2003, p131.

page-27

Donna Hay Issue17, 2005, p131.

Donna Hay Issue23, p33.

Martha Stewart kids, Special Issue(winter) 2003.

page-28

Martha Stewart kids, Special Issue(fall), 2003.

Martha Stewart Living, 2009, 7, p115.

ABC delicious Issue31, 2004, 9, p103.

Donna Hay Issue8, p116.

Donna Hay Issue43, p102.

Donna Hay Issue21, p164.

page-29

ABC delicious Issue14, 2003, 3, p106.

ABC delicious Issue29, 2004, 7, p112.

Martha Stewart kids, Spring, 2006.

Donna Hay Issue9, p102.

Living At Home, 2009, 8, p81.

Martha Stewart kids, Spring, 2006.

page-30

ABC Delicious Issue18, 2003, 7. p101.

ABC Delicious Issue22, 2003, 11, p61.

Donna Hay Issue8, p85.

page-31

Donna Hay Issue45, p103.

Donna Hay Issue24, p67.

ABC Delicious Issue36, 2005, 1, p39.

page-33

Donna Hay Issue24, p138.

Donna Hay Issue45, p102.

Martha Stewart Living, 2009, 12, p203.

page-34

쥬크포토 www.Jukephoto.com

ABC Delicious Issue28, 2004, 5, p66.

Donna Hay Issue9, p164.

Donna Hay Issue9, p175.

page-38

Donna Hay Issue43, p139.

page-39

ABC Delicious Issue27, 2004, 4, p101.

page-40

ABC Delicious Issue32, 2004, 9, p162.

ABC Delicious Issue30, 2004, 7,p56.

page-41

Donna Hay Issue25, p102.

Living At Home, 2009, 3, p110.

Living At Home, 2009, 9, p42.

ABC Delicious Issue30, 2004, 7, p65.

page-42

Living At Home, 2009, 11, p84.

Martha Stewart Living, 2009, 11, p173.

Martha Stewart Living, 2009, 12, p87.

page-43

Living At Home, 2009, 6, p92.

ABC delicious Issue14, 2003, 3, p151.

Manne Pquin, In Tavola Appena Colti!, Guido Tommasi Editore.

vogue entertaining cookbook, 2001, p90.

Donna Hay, marie claire(Flavours), 2000, p4.

page-44

쥬크포토 www.Jukephoto.com

Donna Hay Issue44.

Donna Hay Issue18, p43.

Donna Hay, marie claire(Flavours), 2000, p135.

page-48

ABC Delicious Issue47, 2005, 12, p83.

page-49

Donna Hay, marie claire(Flavours), 2000, p18.

Donna Hay Issue25, p128.

Donna Hay Issue25, 99.

page-51

칼라푸드-p56

Living At Home 2009, 7, p64.

Donna Hay Issue12, p113.

Martha Stewart Living 2004, 1. p38.

Donna Hay Issue11, 2003, p79.

Living At Home 2009, 11, p56.

page-54

Living At Home 2009, 7, p80.

Martha Stewart Living kids(holiday), 2003.

Donna Hay kids Issue, Annual(2)

page-55

Donna Hay kids Issue, Annual(5), p125.

Donna Hay Issue9, p177.

Donna Hay kids Issue, Annual(5), p139.

page-56

Donna Hay Issue45, p98.

ABC Delicious Issue32, 2004, 9, p161.

김경미,김덕환, 웰빙샐러드, 효성출판사, 2004, p32.

ABC Delicious Issue22, 2003, 11, p97.

page-57

Donna Hay Issue8, p129.

Living At Home 2009, 10, p86.

Donna Hay Issue28, p114.

Chapter 3

page-63

ABC Delicious Issue18, 2003, 7, p55.

ABC Delicious Issue18, 2003, 7, p55.

ABC Delicious Issue18, 2003, 7, p54.

ABC Donna Hay Issue29, p87.

Martha Stewart Living, 2009, 8, p107.

ABC Delicious Issue32, 2004, 9, p59

ABC Delicious Issue26, 2004, 3, p80

ABC Delicious Issue26, 2004, 3, p83

ABC Delicious Issue27, 2004, 4, p83

page-64

ABC Delicious Issue18, 2003, 7, p56.

ABC Delicious Issue18, 2003, 7, p56.

ABC Delicious Issue18, 003, 7, p58.

Donna Hay Issue8, p103.

Living At Home, 2009, 3, p58.

ABC Delicious Issue14, 2003, 3, p83.

Donna Hay Issue17, p173.

Donna Hay Issue8, p131.

Living At Home 2009, 2, p73.

page-65

ABC Delicious Issue18, 2003, 7, p63.

ABC Delicious Issue18, 2003, 7, p63.

Donna Hay Issue9, p103.

ABC delicious Issue29, 2004, 6, p137.

ABC Delicious Issue27, 2004, 4, p88.

ABC Delicious Issue28, 2004, 5, p76.

ABC Delicious Issue28, 2004, 5, p96.

Donna Hay Issue29, p131.

ABC Delicious Issue28, p133.

page-66

ABC Delicious Issue18, 2003, 7, p60.

ABC Delicious Issue18, 2003, 7, p60.

ABC Delicious Issue18, 2003, 7, p59.

ABC Delicious Issue35, 2004, 12, p63.

ABC Delicious Issue30, 2004, 7, p142.

ABC Delicious Issue11, 2002, 12, p141.

ABC Delicious Issue28, 2004, 5, p78.

Donna Hay Issue25, p104.

ABC Delicious Issue26, 2004, 3, p136.

page-67

ABC Delicious Issue18, 2003, 7, p64.

ABC Delicious Issue18, 2003, 7, p64.

ABC Delicious Issue18, 2003, 7, p65.

Donna Hay Issue25, p117.

ABC Delicious Issue36, 2005, 1, p114.

Donna Hay Issue16, p186.

ABC Delicious Issue36, 2005, 1, p102.

ABC Delicious Issue26, 2004, 3, p84.

Donna Hay Issue15, p137.

page-68

ABC Delicious Issue18, 2003, 7, p60.

ABC Delicious Issue18, 2003, 7, p60.

ABC Delicious Issue18, 2003, 7, p61.

ABC Delicious Issue18, 2003, 7, p62.

ABC Delicious Issue30, 2004, 7, p135.

ABC Delicious Issue14, 2003, 3, p61.

Donna Hay Issue20, p30.

ABC Delicious Issue27, 2004, 4, p77

ABC Delicious Issue28, 2004, 5, p47

page-69

ABC Delicious Issue18, 2003, 7, p67

ABC Delicious Issue18, 2003, 7, p67

ABC Delicious Issue18, 2003, 7, p66

Donna Hay Issue43, p85

Donna Hay Issue12, p193

ABC Delicious Issue35, 200, 12, p133

ABC Delicious Issue14, 2003, 3, p60

ABC Delicious Issue28, 2004, 5, p62

Donna Hay kids Issue1, p153.

page-71

Donna Hay Issue29, p64.

Menu Degustation, 2004, p33.

Menu Degustation, 2004, p109.

Menu Degustation, 2004, p111.

Donna Hay Issue24, p113.

Menu Degustation, 2004, p18.

Menu Degustation, 2004, p163.

page-73

Donna Hay kids Issue1, p126.

Menu Degustation, 2004, p21.

Menu Degustation, 2004, p45.

page-74

Donna Hay Issue29, p101.

Menu Degustation, 2004, p101.

Menu Degustation, 2004, p31.

Menu Degustation, 2004, p25.

Menu Degustation, 2004, p38.

Australian Gourmet Traveller ,2002, p10.

page-75

Menu Degustation, 2004, p49.

Menu Degustation, 2004, p47.

Menu Degustation, 2004, p63.

Donna Hay Issue43, p143.

Donna Hay Issue47, p156.

ABC Delicious Issue30, 2004, 7, p113.

page-76

Menu Degustation, 2004, p127.

Menu Degustation, 2004, p85.

Menu Degustation, 2004, p99.

page-83

Donna Hay Issue19, p114.

Martha Stewart Living

Martha Stewart kids, spring, 2006.

page-84

Australian Gourmet Traveller, 2004, 4, p109.

Donna Hay, Issue15, p89.

Donna Hay, Issue24, p177.

Donna Hay, Issue14, p81.

Donna Hay, Issue21, p73.

Donna Hay, Issue14, p144.

page-85

Living At Home, 2007, 5, p139.

Living At Home, 2009, 2, p113.

500 Cup Cake, 2005, p230.

Living At Home, 2004, 8, p105.

Living At Home, 2009, 7, p9.

Living At Home, 2009, 9, p76

page-86

Donna Hay, Issue25, p69.

Donna Hay, Issue43, p81.

Living At Home, 2008, 2, p79.

Donna Hay, 2005, Issue20, p41.

ABC Delicious, Issue26, 2004, 3, p43.

Living At Home, 2008, 3, p73.

page-87

ABC Delicious, Issue47, 2006.

Donna Hay, Issue24, p154.

Australian Gourmet Traveller, 2006, 1, p133.

Chapter 5

page-94

(주)한수위, 건강 생활 수로 만드는 웰빙요리, 디자
     인하우스, 2005.

김경미, 김덕환, 먹고 바르는 컬러푸드, 효성출판사,
     2005.

김경미, 김덕환, 웰빙샐러드, 효성출판사, 2004.

page-95

베이비 잡지, 삼성출판사, 2009, 3.

자이 사외보, 2009, 4.

신세계 사외보, 2009, 5.

Chapter 6

page-104

Donna Hay, Issue21, p89.

레몬트리, 중앙M&B, 2008, p11.

레몬트리, 중앙M&B, 2008, p11.

page-108

Donna Hay, Issue21, p89.

레몬트리, 중앙 M&B, 2008, p11.

page-110

Donna Hay, Issue28, p11.2.

ABC Delicious, Issue28, 2004, 5, p94.

Living At Home, 2009, 10, p59.

ABC Delicious, Issue14, 2003, 3, p153.

Living At Home, 2009, 6, p76.

Donna Hay, Issue8, p88.

page-111

Donna Hay, Issue8, p108.

Living At Home, 2009, 2, p94.

Donna Hay, Issue48, p186.

page-112

Living At Home, 2009, 6, p61.

Living At Home, 2009, 8, p9.

Donna Hay, Issue24, p92.

Donna Hay, Issue25, p92.

Donna Hay, Issue25, p115.

Vouge Entertaining+traveller, 2003,5-6. ,

page-120

Donna Hay, Issue15, p98.

Donna Hay annual(5), p109.

Donna Hay, Issue 9, p58.

Food EveryDay Great Food Fast, 2009, p234.

Food EveryDay Great Food Fast, 2009, p192.

Living At Home, 2009, 3, p69.

Donna Hay, Issue19, p75.

Donna Hay, Issue28, p141.

Food EveryDay Great Food Fast, 2007, p238.

page-121

Martha Stewart Living 2009, 7, p116.

Living At Home, 2009, 10, p71.

Donna Hay Annual(5), p82.

ABC Delicious Issue28, 2004, 5, p118.

Australian Gourmet Traveller, 2008, 11,p180.

Living At Home, 2008, 4, p142.

ABC Delcious Issue30, 2004, 7, p66.

Vogue entertaining+traveller, 2008, 10-11, p114.

Australian Gourmet Traveller, 2008, 1, p114.

page-122

Donna Hay, Issue8, p117.

Donna Hay, Issue14, p151.

Australian Gourmet Traveller, 2009, 2-3, p79.

Martha Stewart Living, 2009, 7, p115.

Living At Home, 2009, 11, p70.

Living At Home, 2009, 10, p68.

ABC Delicious Issue11, 2002, 12, p98.

Living At Home, 2007, 11, p98.

Vouge entertaining+traveller, 2008, 4-5, p112.

page-123

Australian Gourmet Traveller, 2008, 8, p96.

Living At Home, 2008, 3, p70.

Donna Hay, Issue9, p76.

ABC Delicious, Issue28, p65.

Donna Hay Issue20, 2003, 9, p165.

ABC Delicious Issue11, 2002, 12, p100.

Donna Hay, Issue20, p37.

Martha Stewart Living 2009, 10, p129.

Donna Hay Issue19, p32.

색인**

ㅇ

ㅈ

ㅊ

저자소개

김 덕 환
경기대학교 대학원 외식조리전공(박사과정)
現) 핸즈스타일(HenzStyle) 실장
現) 혜천대학 식품과학계열 푸드스타일리스트 겸임교수

박 정 윤
경기대학교 대학원 식공간연출전공(석사과정)
現) 핸즈스타일(HenzStyle) 실장

이 승 미
배화여자대학교 전통조리과 겸임교수

정 소 연
경기대학교 대학원 외식조리전공(박사수료)
現) 상상테이블 대표
現) 한국식공간학회 이사

판 권
소 유

DO IT! FOOD STYLING
두 잇! 푸드 스타일링

초판 인쇄 2018년 3월 15일
초판 발행 2018년 3월 20일
저 자 김덕환 · 박정윤 · 이승미 · 정소연
발행자 진수진
발행처 혜민북스
주소 경기도 고양시 일산서구 하이파크 3로 61
출판등록 2013년 5월 30일 제2013-000078호
전화 031-949-3418
팩스 031-349-3419
전자우편 meko7@paran.com
홈페이지 www.haeminbooks.com

값 22,000원